緣起

　　行銷是一門應用導向的學科，期盼能達到「滿足需求、物盡其用、貨暢其流、創新永續」的境界，為企業創造利潤，為消費者帶來福祉，為環境創造永續。行銷工作者在進行實務應用之前，需要有充足的學理基礎作為後盾，才不至於把行銷工作比擬為街頭叫賣、空口吹噓。既然行銷知識是行銷工作的基礎，就有必要好好加強學生的行銷知識素養。「台灣行銷研究學會」為提升學生之行銷知識素養，試辦「行銷知識檢定」，以協助大學課堂教學，幫助學生了解自己的行銷知識現況，也讓老師了解學生的學習狀況。藉由提升學生的行銷知識，提升行銷從業人員的素養。

　　「行銷知識檢定」目前以免費線上測驗的方式進行，在指定時間內，學生自行上網參加考試。此測驗有助於學生了解自己的學習成果，但在舉行的過程中，迭有反應認為應該提供一份講義教材，協助學生複習行銷知識，這也是本書成形的主要原因。

　　行銷管理為商管相關科系的基礎課程，坊間教科書眾多，似乎暫無撰寫新教科書的必要。而在網路時代，精簡才是主流。動輒七、八百頁的行銷管理教科書，早已習慣數十字之內短文的網路世代，對於這樣長段落的文章以及數百頁的書籍，覺得是個閱讀負擔。

　　因此，本書以綱要的方式，去除冗言贅字，針對行銷管理進行全面的介紹，特別適合不喜歡長篇大論的網路e世代年輕學生。授課老師也可利用本書所提供的綱要，根據學生程度與興趣，進行教學內容的補充。

　　本書各章均提供測驗題庫，並提供模擬試卷，以協助進行教學評量。本書並可搭配「台灣行銷研究學會」提供的「行銷知識線上檢定」，藉由此一檢定，可激發學生之學習動機，並幫助老師了解學生的學習成果。而通過檢定後所頒發之電子證書，也有激勵學生學習的效果。

本書包含大綱與評量，評量部分包含500題的評量題目，可以讓老師了解學生的學習成果，並作為客觀的學習成果評量。評量的好處眾多，學習理論指出，評量（測驗）還可以促進學習，讓老師了解學生程度，因材施教，作為老師教學設計參考讓學生了解自己程度；學而後知不足，讓學生知道自己應加強的部分。而且評量本身就是學習，適當的評量，可以讓學生在準備評量的過程中，進行學習。在閱讀評量題目的過程中，學生會學習到知識，無形中增加知識素養。此情況類似於在博物館中，展場會藉由互動式問題，讓參觀者學習到知識。在行銷知識檢定中，參加考試者，也可藉由閱讀題目的過程中，學習到知識。

　　數十年前，台灣的出生率高，優質而大量的人力，是台灣的競爭優勢，人口紅利是經濟成長的關鍵。曾幾何時，台灣的出生率幾乎全球最低，人口紅利不復存在，人人都上大學的狀況，開始變成了社會討論的焦點。少子女化既是挑戰，但也是機會，高等教育正可利用此一契機，好好提升教學品質，讓所有學生都能因為少子女化而受惠，得到更高品質的大學教育。而本書的完成，也希望能為台灣的行銷管理教育略盡綿薄之力。

汪志堅、吳碧珠、陳　才、張淑楨
周峰莎、張惠真、楊燕枝

撰寫原則

本書力求精簡，因此在編寫之時，遵循以下之原則。

1. 納入最廣為熟知的行銷專業知識

   行銷管理包含知識眾多，即使是最為人熟悉的行銷組合4P，也有很多不同的衍生版本。本書在選材的過程中，盡量納入最被廣泛熟知的行銷專業知識。若非行銷工作者廣泛熟知的專業名詞，不納入本書範圍。

2. 藉由反覆練習學習行銷專業知識

   本書期望發展評量題目時，期盼學生在作答的過程中，順便學習知識。學生在作答之時，是認真的。因此，本書設計的評量題目，目的不只是為了評量，而是希望透過作答的過程來傳達知識。希望藉由閱讀題目、作答題目的過程，潛移默化的學習到行銷知識。即使是非常簡單的題目，但因為題目內傳達了正確知識，學生因此而接收到了正確觀念。

3. 重視鑑定學習成果而非考倒學生

   行銷是個有趣的科目，課堂聆聽授課內容後，很可能覺得什麼都懂，但需要自我鑑定一下，是否真的了解。但本書不是要考倒學生，也不是想要對學生逐一排名。因此，命題時，盡量減少模糊不清的答案以避免混淆學生。評量考題的目的，不在於讓學生被考倒，而是讓學生學會知識。因此，答案選項之間，會有明確的區分。答案選項之間盡量不存在模糊界線。

編者簡介

汪志堅，

　　　國立臺北大學資訊管理研究所，特聘教授。

吳碧珠，

　　　國防大學管理學院運籌管理學系，副教授。

陳才，

　　　世新大學廣播電視電影學系，教授。

張淑楨，

　　　文化大學廣告學系，助理教授

周峰莎，

　　　輔仁大學商業管理學士學位學程，助理教授。

張惠真，

　　　國立臺北大學企業管理學系，教授。

楊燕枝，

　　　國立中央大學通識中心，助理教授。

負責範圍

第1章	張惠真	第11章	吳碧珠	第21章	陳才
第2章	吳碧珠	第12章	吳碧珠	第22章	陳才
第3章	汪志堅	第13章	周峰莎	第23章	陳才
第4章	汪志堅	第14章	汪志堅	第24章	陳才、汪志堅
第5章	汪志堅	第15章	汪志堅	第25章	楊燕枝
第6章	汪志堅	第16章	張淑楨	模擬考題	汪志堅
第7章	汪志堅	第17章	張淑楨	證照命題	周峰莎
第8章	汪志堅	第18章	張淑楨	證書發放	周峰莎
第9章	吳碧珠	第19章	陳才	行政支援	周峰莎
第10章	吳碧珠	第20章	陳才	檢定分析	楊燕枝

「行銷知識檢定」施測結果分析

　　大學生到底有沒有學到足夠的行銷知識？這是所有老師關心的課題，也是台灣行銷研究學會會員們關心的課題。因此，台灣行銷研究學會舉辦「行銷知識檢定（試辦計畫）」，藉由舉辦檢定考試的方式，幫助老師們了解同學的學習成效。

　　以下報告2020年，行銷管理知識檢定的執行成果。為協助建立常模，本項行銷知識檢定在2021-2022年間，將繼續舉辦。相關資訊可以在台灣行銷研究學會網頁與粉絲專頁中找到。

　　學會網頁：http://marketing.org.tw

　　粉絲專頁：https://www.facebook.com/TaiwanMarketingResearch/

　　考試方式：採取線上考試。

　　考試費用：免費。

　　證書頒發：考試後，通過考試者，寄發證書電子檔pdf。

　　紙本證書：請利用電子檔自行列印。若確實需製作紙本證書（將加蓋「台灣行銷研究學會」印），需與台灣行銷研究學會聯絡，繳費500元後以郵寄提供。證書上，會註明考試形式為：線上考試。

　　2020年參加檢定人數為 904人次，參加檢定者來自52所大學，包括22所國立大學249人次，14所私立大學287人次，5所國立科大241人次，10所私立科大95人次，另有其他單位共135人次。

　　904人次的檢定中，共有515人次的參加檢定者成績及格，其中有50人次的參加檢定者成績達到90分以上，屬於精熟級，另有465人次的參加檢定者分數介於70至89分。489人次的參加檢定者分數在69分以下。整體成績的平均及格率為56.97%。

若以參加行銷知識檢定者的學校類型進行成績分析，國立大學（含軍警體系、學院、市立大學）的考生中，平均分數74.53分（標準差12.85分），國立科技大學（含技術學院）平均分數為71.73分（標準差14.40），私立大學（含學院）平均分數為65.66分（標準差為15.13分），私立科技大學（含技術學院）平均分數為62.30（標準差15.89分）。部分考生並非大學在學學生。

若依各年級別進行成績分析，大二學生共145人次，平均成績為68.22分（標準差16.67分），大三學生共353人次，平均成績為67.05分（標準差14.65分），大四學生共206人次，平均成績70.44分（標準差12.61分），碩一學生共129人次，平均成績75.23分（標準差15.14），碩二學生33人次，平均成績76.61分（標準差16.88）。部分考生並非大學在學學生或不屬於大學部與碩士班學生。

因為本考試屬於免費參加，很合理的猜測會有參加檢定者，採取多次參加考試的狀況。因此，針對重複考試的情況進行分析，共有145人重考，1人因為不及格而重考3次，仍不及格。22人因為不及格而重考2次，12人及格，另有10人重考2次仍不及格。85人因為不及格而重考1次，36人重考後及格，49人仍不及格。2020年的考試設有精熟（達到90分或以上），及格者中，有37人及格但仍考第二次以求能晉級為精熟級，但這37人中，無人提升到精熟。關於重複考試的初步分析結果是部分學生雖會不斷嘗試重考，但大部分學生分數的進步不大，學生若未認真充實知識，想要透過重複參加考試而提升到及格的可能性並不高。

2021年與2022年，將取消精熟級的設計，僅區分為及格（達到70分及以上）與不及格（69分及以下），並擴大考試規模。而題目之難度設計，仍以60％參加檢定者達到及格門檻的原則進行設計。

目錄

緣起 1

撰寫原則 3

編者簡介 4

「行銷知識檢定」施測結果分析 5

目錄 7

第一章 行銷的本質 9

第二章 發展行銷策略與計畫 19

第三章 市場資訊收集 29

第四章 行銷研究 38

第五章 顧客滿意與忠誠 46

第六章 消費市場 55

第七章 企業與政府市場 64

第八章 國際市場 73

第九章 確認市場區隔與目標市場 81

第十章 產品品牌 92

第十一章 建立品牌權益 99

第十二章 成長策略 109

第十三章 產品策略 117

第十四章 服務策略 125

第十五章 新產品策略 133

第十六章 訂價策略 139

第十七章 配銷通路 147

第十八章 零售、批發及物流 155

第十九章 整合行銷溝通..163

第二十章 廣告與公共關係..172

第二十一章 促銷及事件行銷..179

第二十二章 直效行銷及人員銷售..185

第二十三章 網路與數位行銷..192

第二十四章 行銷社會責任..200

第二十五章 行銷相關法規..205

自我評量一..213

自我評量二..222

自我評量三..239

第一章 行銷的本質

本章希望能夠介紹行銷的定義與範疇，以及說明行銷的核心觀念，包括4P與STP，並說明行銷觀念的演進。在本章中，行銷核心的觀念也被一併納入討論。藉由本章的介紹，可以對對行銷的本質有基本的了解1。

1.1 行銷的定義與範疇

- 行銷重要性：
    - 行銷 (marketing)是屬於企業營運之產、銷、人、發、財、資功能之一；因與市場績效直接攸關，被視為企業的直線功能。
        - 產：生產與作業。
        - 銷：行銷。
        - 人：人力資源與組織。
        - 發：研發創新。
        - 財：財務。
        - 資：資訊。
    - 企業形象與獲利主要取決於其行銷能力。
    - 行銷可以促使產品持續創新，帶給大眾富裕與便利的生活。

- 行銷的定義：
    - 行銷是一門應用導向的學科，期盼能達到「滿足需求、物盡其用、貨暢其流、創新永續」的境界，為企業創造利潤，為消費者帶來福祉，為環境創造永續。
    - 行銷是為了滿足顧客需要並因而獲利。
    - 美國行銷學會(AMA)將行銷定義為：「行銷是創造 (create)、溝通(communicate)與傳遞(delivery)有價值的提供物(offerings)給顧客，使其滿足並建立顧客關係，以使組織及其利害關係人受益的一種組織性的功能與程序」。
    - 創造價值給顧客以建立緊密的顧客關係，並從中獲得價值回收的過程。因此行銷的核心是強調價值的創造與交換(exchange)，而非交易(transaction)。

- 行銷的標的物：

---

[1] 本章重點綱要與考題由張惠真教授整理。

- 產品(product)：製造業生產過程的主要產出結果，例如食物、汽車、家電產品等。
- 服務(service)：屬於無形的產出，經濟開發程度高的國家，服務業佔比愈高。零售、運輸、餐旅、諮詢顧問等均屬服務業。企業的市場提供物是指產品與服務或資訊的組合，例如家電產品包含配送與安裝維修等服務。
- 事件(event)：行銷也包含針對「時間基礎」或「活動基礎」的事件推廣，例如百貨公司周年慶、3C電腦展。
- 經驗或體驗(experience)：企業整合不同產品與服務創造與提供顧客新奇、獨特的體驗，例如主題樂園中的迪士尼、品牌快閃店等。
- 人物(people)：運動員、影藝人員與政治人物經過行銷打造個人品牌。
- 地點(place)：機構、城市、地區或國家，透過行銷活動建立特色，吸引觀光，例如華山文創園區。
- 財產(property)：金融業與房地產業以無形及有有形資產的所有權為行銷標的物。
- 組織(organization)：企業或非營利組織(NPO、NGO)透過行銷建立知名度與形象，吸引大眾。例如：董事基金會、台灣性別人權協會或學校的推廣。
- 資訊(information)：例如企業或學校提供專業領域資訊、電子報新聞等。
- 理念(idea)：非營利或非政府組織經常宣導社會福祉相關理念，例如某些交通安全組織宣導「醉不上道」、「向毒品說不」。

- 行銷主體角色：行銷者與潛在顧客。
  - 行銷者(marketer)：是指相對積極尋求回應及達成交換的一方。
  - 潛在顧客(prospect)：是指交換過程相對被動的一方。

1.2 行銷核心觀念

- 需要(needs)、慾望(wants)、需求(demands)
  - 需要(needs)：人類生存的基本需要，需要是與生俱來的，非由行銷所創造。例如衣、食、住、行等方面的基本需要。
  - 慾望(wants)：對於能滿足需要的某特定標的物產生想要擁有的慾望，受個人性格或文化所形塑而展現。

- 需求(demands)：對於某些特定標的物有興趣且有購買能力的部分所形成；亦即慾望有購買力為後盾而形成需求。
- 行銷管理也是需求管理(demand management)：行銷者必須管理消費者不同的需求狀態。經濟學談到供給與需求，但消費者可能無需求，此時行銷任務需要打造能激發顧客需求的產品特性。消費者也可能討厭該項產品(該項產品屬於厭惡性產品)，行銷任務及需要發掘其逃避厭惡的理由，進行扭轉性行銷以改變消費者的認知與態度。

- 市場區隔、目標市場與定位：
  - 市場區隔(market segments)：行銷者根據市場的異質性予以細分為較小的市場區隔，同一區隔的消費者表現的偏好與習性較接近。
  - 目標市場(target market)：行銷者評估與選擇最具有商機的一個或數個擬服務的市場區隔。
  - 定位(positioning)：如何創造具有獨特與差異化的價值，以在目標客群的心目中建立有別於競爭者的品牌形象。

- 行銷組合(marketing mix)：企業在其目標市場經營所採用的行銷工具之設計
  - 4P (賣方觀點)：產品(product)、定價(price)、通路(place)、推廣(promotion)。
  - 4C (買方觀點)：顧客解決方案(customer solution)、顧客成本(customer cost)、便利(convenience)、溝通(communication)。

- 提供物與品牌
  - 提供物(offering)：傳遞與實現價值主張(VP)的工具，可包含產品、服務、資訊與經驗的組合。
  - 品牌(brand)：根據AMA定義，品牌為：「一個名稱、術語、符號、記號、設計，或上述項目的綜合體，用以辨別賣方的產品或服務，並能與競爭者的產品或服務有別。」

- 行銷通路：不只是銷售通路，通路包括以下三種類型。
  - 溝通通路(communication channel)：製作與傳達與顧客溝通訊息的廣告與媒體業者，擔任資訊流角色。
    - 付費、自有與免費媒體：數位媒體帶來與顧客更多元的新溝通方式，溝通通路可區分以下三類：

- - - 付費媒體(paid media)：例如電視、雜誌、關鍵字廣告。
    - 自有媒體(owned media)：指公司官網、FB粉絲頁或宣傳手冊。
    - 賺得媒體(earned media)：指在新聞、雜誌上主動分享、談論產品內容，也是一種口碑行銷(word-of-mouth marketing, buzz marketing)。
  - 配銷通路(distribution channel)：擔負展示、銷售與傳遞產品或服務給買者的直接或間接通路，例如網路、手機、批發商、零售商、代理商等中間商，擔任商流任務成員。
    - 供應鏈 (supply chain)是指從原物料、零組件到提供成品給最終顧客的所有通路組成。在行銷上視為一種價值的創造與傳送鏈。
  - 服務通路(service channel)：包括倉儲、運輸等物流業與銀行及保險業等扮演物流及金流的角色。

- 價值與滿意
  - 價值(value)：指消費者主觀衡量某市場提供物所得到的利益(benefits)與付出的成本(costs)之間的比較，是據以選擇某一產品或品牌的準則。
  - 滿意(satisfaction)：根據期望落差模式(expectation disconfirmation model，或翻譯為期望失驗模式)，消費者購前對產品品質與利益會建立預期(expectation)，會與購買與使用產品後所感受的品質表現(performance)比較而判定是否感到滿意。

1.3 行銷理念的演化

- 企業市場經營理念的演化進展可分為：生產觀念、產品觀念、銷售觀念、行銷觀念、全方位行銷觀念。

- 生產觀念(production concept)：
  - 抱持「東西做得出來，就賣得出去」的觀點，在供不應求的市場，此種強調生產效率的經營理念很普遍；但可能會因忽視環境與消費者習性改變而落入行銷近視症(marketing myopia)的盲點。

- 產品觀念(product concept)：

- 認為市場顧客偏好較佳品質的產品，而致力於品質改良與性能創新，只偏執於產品本身而忽略顧客需求改變，可能陷入致力於完美產品，但該產品卻不受消費者青睞的謬誤。

- 銷售觀念(selling concept)：
  - 認為「產品製造出來就要設法推銷賣出去，才能獲利」，強調銷售與促銷手段。廠商側重於設法將手上有的物品銷售出去。對於消費者平常不會主動想要購買的未搜尋品(un sought goods，或稱灰色產品、冷門產品)，廠商常會依賴採用銷售與促銷手段。

- 行銷觀念(marketing concept)：
  - 以顧客的需求為核心，了解目標客群的需求，設法整合行銷工具來滿足顧客，吸引建立顧客關係，並由此獲利。

- 全方位行銷觀念(holistic marketing concept)：
  - 環境迅速變遷，近年來行銷者面對更多元的環境挑戰，體認到應以更廣泛的觀點來經營市場，需要重視影響行銷績效的所有因素。全方位行銷包含四大構面：
    - 關係行銷(relationship marketing)：重視顧客關係(CRM)與價值鏈上下游夥伴關係(PRM)
    - 內部行銷(internal marketing)：使組織內部垂直與水平單位全體員工均具有行銷管觀念
    - 整合行銷(integrated marketing)：統合產品與服務、價格、通路與推廣等行銷工具以有效經營目標市場。
    - 績效行銷(performance marketing)：除了財務績效外；同時注重品牌形象與企業社會責任等永續性理念。

1.4 行銷管理程序

- 行銷活動設計必須與時俱進，今日行銷者宜秉持永續性理念、關注全球化之趨勢與挑戰；並善用各項行銷科技，進行行銷活動的規劃、執行與控制之過程，以提升行銷績效。行銷活動管理的程序包含下列五項：

- ○ 市場情境分析：辨識外部環境的機會(O)與威脅(T)、評估內部的優勢(S)與劣勢(W)；並透過顧客資料蒐集與分析掌握市場顧客的需求。
- ○ 設計行銷策略：包含市場區隔與選擇目標市場(Segmenting, Targeting)、決定價值主張與定位(Positioning)等策略。
- ○ 擬訂行銷執行方案：亦即設計產品、地價、通路與推廣等工具形成行銷組合策略，並予以執行。
- ○ 建立持續互利的關係：有利關係的對象包含建立、維持與強化顧客關係管理(CRM)與夥伴關係管理(PRM)。
- ○ 獲取市場利潤與顧客權益：獲得顧客滿意、顧客忠誠與顧客終身價值(customer lifetime value)，提升顧客佔有率(customer share)，並創造顧客權益(customer equity)。

複習題目

( ) 1.企業利用報章、雜誌、電視，作為與顧客溝通媒介，是屬於哪一種媒體？
　　(1)自有媒體(own media)。
　　(2)付費媒體(paid media)。
　　(3)賺得媒體(earned media)。
　　(4)配銷媒體(distribution media)。

( ) 2.行銷管理的4C指的是什麼？
　　(1)企業(company)、電腦(company)、網路(communication)、商務(commerce)。
　　(2)顧客解決方案(customer solution)、成本(customer cost)、便利(convenience)、溝通(communication)。
　　(3)消費者(consumer)、電腦(computer)、溝通(communication)、成本(cost)。
　　(4)消費者(consumer)、商務(commerce)、電腦(computer)、溝通(communication)。

( ) 3.辨識與釐清不同的消費者對於產品可能有不同需求或偏好，這是在進行哪一種活動？
　　(1)整合行銷。
　　(2)客製化。
　　(3)去中間商化。
　　(4)市場區隔。

( ) 4.企業透過代理商、實體零售商或電子商務(購物網站)，將產品傳遞給顧客，此種通路是屬於哪一種通路？
　　(1)溝通通路。
　　(2)配銷通路。
　　(3)服務通路。
　　(4)電力通路。

( ) 5.期盼能達到「滿足需求、物盡其用、貨暢其流、創新永續」的境界，為企業創造利潤，為消費者帶來福祉，為環境創造永續。這是哪一項的企業功能？
　　(1)行銷管理。
　　(2)研發管理。
　　(3)財務管理。
　　(4)人力資源管理。

( ) 6.下列有關行銷定義的描述，何者「錯誤」？
　　(1)行銷的核心在於價值的交換。

(2)行銷活動主要為創造、溝通與傳送顧客價值。

(3)行銷主要目的只有達成企業財務性目標。

(4)企業的行銷能力與獲利息息相關。

( ) 7.行銷活動中，傳達產品訊息給顧客的廣告及媒體業者，這是屬於哪
一種通路？

(1)溝通通路。

(2)配銷通路。

(3)服務通路。

(4)物流通路。

( ) 8.下列有關行銷功能的敘述，何者正確？

(1)企業的行銷能力與獲利息息相關。

(2)小企業不需要行銷。

(3)企業的行銷主要以推銷活動為主，推銷出去就好了。

(4)非營利企業或機構不太需要考慮行銷活動。

( ) 9.行銷思潮的演進過程中，曾經演進到重視銷售觀念的階段。以下對
於銷售觀念(selling concept)的敘述，何者正確？

(1)強調生產效率。

(2)強調產品品質與性能改良。

(3)強調銷售與促銷手段。

(4)強調以顧客的需求為核心，了解目標客群的需求。

( ) 10.行銷思潮的演進過程中，曾經演進到重視產品觀念的階段，以下
對於產品觀念(product concept)的敘述，何者正確？

(1)強調生產效率。

(2)強調產品品質與性能改良。

(3)強調銷售與促銷手段。

(4)強調以顧客的需求為核心，了解目標客群的需求。

( ) 11.以下對於商品或服務的「價值」的敘述，何者正確？

(1)是一種消費者的主觀認定。

(2)是一種消費者的客觀認定，沒有主觀成分。

(3)是指產品的物料成本。

(4)是指定價。除了定價，其他都不能算是價值，都跟價值無關。

( ) 12.觀光工廠提供顧客產品製造流程導覽、試吃、DIY等活動，此時
的行銷標的是什麼?

(1)經驗(體驗)。

(2)服務。

(3)組織。

(4)理念。

(　　) 13.創造、溝通與傳遞有價值的提供物給顧客，使其滿足並建立顧客
關係，以使組織及其利害關係人受益的一種組織性的功能與程序。
這是指什麼？
(1)行銷管理。
(2)研發管理。
(3)財務管理。
(4)人力資源管理。

(　　) 14.行銷思潮的演進過程中，最後演進到重視行銷觀念的階段。以下
對於行銷觀念(marketing concept)的敘述，何者正確？
(1)強調生產效率。
(2)強調產品品質與性能改良。
(3)強調銷售與促銷手段。
(4)強調以顧客的需求為核心，了解目標客群的需求。

(　　) 15.顧客自發性討論，與傳遞產品或品牌資訊給其他消費者，這種溝
通方式被視為哪一種媒體？
(1)自有媒體(own media)。
(2)付費媒體(paid media)。
(3)賺得媒體(earned media)。
(4)配銷媒體(distribution media)。

(　　) 16.企業設立官網、FB或Line社群、粉絲頁，來接觸顧客，是屬於採
用哪一種媒體。
(1)自有媒體(own media)。
(2)付費媒體(paid media)。
(3)賺得媒體(earned media)。
(4)配銷媒體(distribution media)。

(　　) 17.透過各種方式對民眾宣傳菸害及勸導戒菸，此時是在行銷什麼？
(1)經驗(體驗)。
(2)服務。
(3)組織。
(4)理念。

(　　) 18.消費者以其預期與實際知覺的品質衡量來定義滿意與否，這是依
據何種觀點？
(1)思慮可能模式。
(2)期望落差模式。
(3)歸因理論。
(4)雙因子理論。

（　） 19.行銷思潮的演進過程中，最早期的時候是重視生產觀念的階段，
以下對於生產觀念(production concept)的敘述，何者正確？
(1)強調生產效率。
(2)強調全面性的行銷管理。
(3)強調銷售與促銷手段。
(4)強調以顧客的需求為核心，了解目標客群的需求。

（　） 20.下列何者並不在行銷管理的4P裡面？
(1)產品(product)。
(2)定價(price)。
(3)推廣(promotion)。
(4)預測(prediction)。

複習題目解答

1	2	3	4	5	6	7	8	9	10
2	2	4	2	1	3	1	1	3	2
11	12	13	14	15	16	17	18	19	20
1	1	1	4	3	1	4	2	1	4

第二章 發展行銷策略與計畫

本章,首先討論行銷活動能夠提供的價值、事業單位的策略規劃,以及行銷的策略規劃,本章從策略規劃的基本知識,包括SWOT分析,以至行銷活動中可以採用的策略[2]。

2.1 提供價值

- 管理學者Peter Drucker (1909-2005)強調:「企業的目的,即在於創造與保留顧客」(The purpose of business is to create and keep a customer.)。
  - 如何達到創造與保留顧客的目的?唯有為顧客創造價值與經營顧客關係能竟事功。
  - 行銷的本質:創造、溝通及傳送價值給顧客,經營顧客關係,以為組織、利害關係人與整體社會大眾帶來福祉。

- 企業價值與傳送包括三個階段:價值選擇、價值提供、價值溝通。
  - 價值選擇(choosing):STP
    - 市場區隔(segmentation)、從中選擇適當的區隔市場(目標市場)(targeting),並完成市場定位(positioning),在目標市場的消費者心中,建立屬於商品品牌的獨特地位。
  - 價值提供(providing):確立產品特色、價格與配銷通路。
  - 價值溝通(communicating):透過人員銷售、促銷、廣告、公共關係與其他傳播工具,向目標市場溝通價值。

- 價值鏈(value chain):係指公司將投入轉換成顧客價值產出的一系列活動鏈,轉換過程是由一些主要活動(primary activities)與支援活動 (support activities)組成,以增加產品之價值。透過價值鏈分析,可協助經理人辨識企業內優勢與劣勢的有力工具。
  - 主要活動:與產品的設計、創造、運送、支援與售後服務有關,包括研究與發展、生產、行銷與銷售、顧客服務。

---

[2] 本章重點綱要與考題由吳碧珠老師整理。

- 支援活動：促使主要活動發生作用，包括物料管理(物流)、人力資源、資訊系統及公司基礎設施。
- 核心競爭力(core competence)：是企業競爭的優勢來源，能應用到多種類型市場、一般競爭對手難以模仿者。強化核心競爭力的主要作法：
  - 重新定義企業理念(business concept)。
  - 重新設定所欲經營企業的商業範疇(business scope)，如地理區域、產品種類與市場。
  - 重新定義企業的品牌識別(business identity)，如企業組織調整與重組。
- 策略規劃(strategic planning)：
  - 策略性行銷計畫(strategic marketing plan)：根據目標市場商機的分析及企業價值主張所制定。
  - 戰術性行銷計畫(tactical marketing plan)：根據策略性行銷策略，制定行銷戰術，包括產品功能、推廣、銷售、訂價、通路與服務。

2.2 策略規劃

- 行銷學者Philip Kotler提出：「正確的策略方向比立即的獲利更重要。」(It is more important to do what is strategically right than what is immediately profitable.)

- 大型企業集團總部的策略規劃活動：
  - 定義企業使命(mission statement)。
  - 建立策略性事業單位(strategic business unit, SBU)。
  - 分配資源於各策略性事業單位。
  - 評估各事業部門的成長機會。

- 定義企業使命：說明企業存在的理由，包括我們的事業究竟是什麼？我們的顧客是誰？我們能提供顧客哪些服務？未來組織如何發展？企業必須不斷反覆思考這些問題與答案。

- 根據市場來定義即以滿足顧客過程來闡述事業，不要過於狹隘，僅使用產品來定義企業，易產生行銷近視症 (marketing myopia，或譯為行銷短視症)。當消費者需求改變，企業仍專注於原來產品發展，可能就無法提供滿足顧客需求的產品與服務。
  - 設計企業使命：企業使命說明書，提供企業明確的目標、方向與機會。
  - 專注於有限的幾項目標：
    - 強調公司的主要政策與價值。
    - 定義公司面對的主要競爭領域。
    - 具有遠見。
    - 盡可能簡要好記、富含意義。

- 建立策略性事業單位：大型企業通常經營各種不同的事業，每一項事業需要自己的策略。
  - 單獨事業或相關事業集合體，與其他事業單位分開。
  - 有單獨一群的競爭者。
  - 專責經理負責策略規劃與利潤績效，並控制利潤的經營要素。

- 分配資源於各策略性事業單位：
  - 波士頓成長-市占率矩陣(BCG growth-share matrix)：
    - 以事業間相對市占率及市場成長率進行投資決策分析。
    - 據此將事業單位分為金牛(cash cows)、明星(stars)、問號(question marks)及落水狗(dogs)四類。

市場成長率	明星事業	問題事業
	金牛事業	落水狗事業

相對占有率

  - 奇異矩陣(GE matrix)：
    - 將事業依競爭優勢、產業吸引力進行分類，形成9個象限。

- ■ 採取成長、收成及維持策略應對。
  - ○ BCG矩陣與GE矩陣，也因相對簡化與主觀，招致侷限性的批評。
  - ○ 除了BCG矩陣與GE矩陣，企業還應該重視以下幾項，以決定企業策略佈局：
    - ■ 股東價值分析。
    - ■ 事業單位之市場價值。
    - ■ 市場潛在成長機會。
- ● 評估成長機會：包括規劃新事業、縮減組織及結束舊事業。
  - ○ 密集式成長：使用產品，市場擴張矩陣(product-market expansion grid)，分析現有產品與新產品及其相對市場的關係。包括：
    - ■ 市場滲透策略(market-penetration strategy)：現有產品在現有市場攻占更多的市占率。
    - ■ 市場開發策略(market-development strategy)：現有產品發掘或開發新市場。
    - ■ 產品開發策略(market-development strategy)：新產品導入現有市場中。
    - ■ 多角化策略(diversification strategy)：以新產品供給新市場，與原有產品、原有市場，已有相當程度的不同。

產品/市場矩陣 Ansoff Matrix

	現有產品/服務	新產品/服務
現有市場	市場滲透策略	產品開發策略
新市場	市場開發策略	多樣化策略

  - ○ 整合式成長：企業透過產業內向前(forward)、向後(backward)或水平整合(horizontal integration)，以提高其銷售與利潤。
  - ○ 多角化成長：公司增加異於既有營運之新事業的過程，如其它高吸引力的產業。

- ○ 衰退事業的縮減與淘汰：企業削減、出售或放棄一些衰退的老舊事業。

- ● 組織文化（企業文化）：
  - ○ 企業文化(corporate culture)：「形塑組織的共享經驗、故事、信仰與規範。
  - ○ 組織文化影響策略。
    - ■ 調整企業文化常為企業推行新策略成功之關鍵因素。
  - ○ 公司組織(organization)係由結構、政策及企業文化三構面組成，每一構面都可能因瞬息萬變的商業環境而失能。

- ● 行銷創新：
  - ○ 不創新，就遭淘汰(innovate or die)。
  - ○ 創新在行銷上扮演重要角色。
  - ○ 情境分析法(scenario analysis)，企業透過自己對未來的看法，發展公司應對之策略。

2.3 事業單位的策略規劃

- ● SWOT分析：
  - ○ 優勢(strength)、劣勢(weakness)、機會(opportunity)、威脅(threat)。
  - ○ 針對企業的內部優勢、劣勢、外部的機會與威脅，進行整體的評估。
  - ○ 是一種審視內部資源(SW)、外在環境(OT)，以知己知彼，進而採取應對的積極作為。

- ● 波特(Michael Porter)的一般策略(generic strategy)：指無論製造業、服務業或非營利事業，皆追求一般策略之一。
  - ○ 成本領導(cost leadership)：指企業致力於降低成本結構，以超越競爭對手。
  - ○ 差異化(differentiation)：藉由創造顧客認為在某些方面具有獨特的產品或服務，以達成競爭優勢。
  - ○ 集中化(focus)：集中於滿足特定的市場區隔(specific market segment)或利基市場(niche market)的需要。
  - ○ 不同競爭者針對相同目標市場採取同一套策略，而形成策略群組(strategic group)的成員。

- ● 跨企業的行銷合作。常見的行銷聯盟類型包括：

- 產品(或服務)聯盟。
- 共同宣傳聯盟。
- 物流運籌聯盟。
- 共同訂價(注意避免妨礙競爭，避免違反公平交易的規範)。

2.4 行銷企畫書

- 行銷企畫書(marketing plan)：主要內容為事業單位的每個產品層級，發展出的一組行銷方案，與財務配置的戰術指引。
  - 執行摘要與內容目錄。
  - 情境分析：常以SWOT分析進行。
  - 行銷策略：定義行銷任務、行銷與財務目標，企業滿足市場的提供物為何，以及市場定位等。
  - 行銷戰術：常以4P進行規劃(product, price, place, and promotion)。
  - 財務預估：包含銷售預測、支出預測與損益平衡分析以及較複雜預估利潤之風險分析(risk analysis)，在一想定的環境與策略中，針對可能影響獲利之不確定因素提出樂觀、悲觀及最適當之財務模擬。
  - 執行控制：提出目標與預算執行的結果報告。

- 行銷研究：行銷計畫展開後，透過行銷研究協助行銷人員了解更多的顧客需求、期望、知覺滿意與忠誠意圖等，以衡量該計畫的進展與實際之改善需要。

複習題目

( )1.企業核心競爭力的敘述，何者不正確？
    (1)是企業競爭優勢的來源。
    (2)能應用到多種類市場。
    (3)競爭對手難以模仿。
    (4)是指競爭對手可以在市場購買到的物料供應來源。

( )2.產品市場擴張矩陣(product-market expansion grid)中，以現有產品在既有市場中攻占更多市占率，為哪一種策略。
    (1)市場滲透。
    (2)市場開發。
    (3)產品開發。
    (4)多角化。

( )3.以下何者，可協助行銷人員了解更多的顧客需求、期望、知覺滿意與忠誠意圖等。
    (1)風險分析。
    (2)行銷研究。
    (3)促銷。
    (4)廣告。

( )4.下列哪一項有關策略內容的敘述，是正確的？
    (1)全面成本領導策略，可能面臨其他公司也以低成本策略來競爭。
    (2)差異化策略之結果，往往帶來產品售價降低、增加銷售。
    (3)集中策略，代表公司有充分的資源，因為資源太多，所以集中於某一市場，以打擊競爭對手。
    (4)同一事業，同時採取全面成本領導、差異化、集中化策略，每一種策略都採用，將可獲取最大利潤。

( )5.產品市場擴張矩陣(product-market expansion grid)中，現有產品來進入新的市場。這是指哪一種策略？
    (1)市場滲透。
    (2)市場開發。
    (3)產品開發。
    (4)多角化。

( )6.產品市場擴張矩陣(product-market expansion grid)中，開發新產品導入現有市場中。這是指哪一種策略？
    (1)市場滲透。
    (2)市場開發。

(3)新產品開發。

(4)多角化。

( ) 7.針對企業的優劣勢、機會威脅進行整體評估，係為何種分析？

(1)VRIO。

(2)SWOT。

(3)GE model。

(4)BCG model。

( ) 8.形塑組織共享經驗、故事、信仰與規範，指的是什麼？

(1)策略群組。

(2)企業文化。

(3)企業使命。

(4)價值鏈。

( ) 9.以下何者之目的，乃為確保公司能在瞬息萬變的環境中掌握最佳的機會。

(1)生產管理。

(2)策略規劃。

(3)短期規劃。

(4)市場活動。

( ) 10.SWOT分析是指什麼？

(1)strength、weakness、opportunity、threat。

(2)supply、work、office、technology。

(3)segment, web, offer, opportunity。

(4)strength, website, opportunities, technology。

( ) 11.好的企業使命說明書，何者不正確？

(1)專注於有限的幾項目標。

(2)強調公司的主要價值與目標。

(3)盡可能複雜化以顯示公司之內涵深度。

(4)要有遠見。

( ) 12.GE 事業矩陣模型係以＿＿＿與＿＿＿來進行投資決策分類？

(1)市場吸引力、競爭優勢。

(2)相對市占率、市場年成長率。

(3)市場吸引力、市場年成長率。

(4)相對市占率、競爭優勢。

( ) 13.使用BCG成長率-佔有率矩陣可得到四種類型的策略性事業單位，分別為哪些？

(1)明星事業、金牛事業、問題事業與落水狗事業。

(2)產品、定價、通路、推廣。

(3)銷售率、市占率、投資報酬率、市長成長率。
(4)公司策略、部門策略、事業策略、功能策略。

( ) 14.BCG矩陣係以＿＿＿與＿＿＿來進行投資決策分類？
(1)市場吸引力、競爭優勢。
(2)相對市占率、市場年成長率。
(3)市場吸引力、市場年成長率。
(4)相對市占率、競爭優勢。

( ) 15.以下何者是係指分析企業內部活動，分為主要活動與支援活動，
以創造更多的顧客價值。
(1)價值鏈。
(2)供應鏈。
(3)區塊鏈。
(4)顧客鏈。

( ) 16.我們的事業是什麼？顧客是誰？何者對顧客是具有價值的？我們
企業存在的理由？所有這些看似簡單的問題，定義了一個公司的什
麼？
(1)公司章程。
(2)企業使命。
(3)企業工作說明書。
(4)策略性事業單位。

( ) 17.BCG矩陣中，何者是具有高成長率與高占有率的事業單位，初期
經常需要大量現金來應付快速的成長，但當成長減緩後，則會變為
金牛產業。
(1)問題事業。
(2)夕陽事業。
(3)羚羊事業。
(4)明星事業。

( ) 18.風險分析(risk analysis)，是指在一定期間內、在假定行銷環境下，
針對會影響獲利的不確定變數，來提出三種可能的評估，這三種可
能的評估裡面，不包括哪一個評估？
(1)最適當的(最可能的)。
(2)樂觀。
(3)悲觀。
(4)保證獲利。

( ) 19.產品市場擴張矩陣(product-market expansion grid)中，以新產品供
給新市場，與原有產品、原有市場，已有相當程度的不同。這是指
哪一種策略？

(1)市場滲透。

(2)市場開發。

(3)產品開發。

(4)多角化。

( ) 20.波特(Porter)的一般化策略不包括以下何種策略？

(1)成本領導。

(2)差異化。

(3)集中化。

(4)委外外包。

複習題目解答

1	2	3	4	5	6	7	8	9	10
4	1	2	1	2	3	2	2	2	1
11	12	13	14	15	16	17	18	19	20
3	1	1	2	1	2	4	4	4	4

第三章 市場資訊收集

本章討論市場資料收集，包括行銷環境的分析，以及企業使用的行銷資訊系統。另外，對於行銷管理者來說，如何分析趨勢，進行市場預測，也是相當重要的重點[3]。

3.1 行銷環境分析

● 市場環境不斷出現：機會、威脅，必須持續監視、預測、適應各種市場改變。

● 行銷工作者面對的市場環境：政治、經濟、社會、文化、科技、環境。
　　○ 政治：例如選舉政局更迭、國際情勢變化。
　　○ 經濟：例如經濟成長波動、股市價格波動。
　　○ 社會：例如人口結構改變、家庭生活改變。
　　○ 文化：例如多元文化接納、重視藝文創意。
　　○ 科技：例如行動通訊技術、金融科技創新。
　　○ 法律：例如法律規範改變、企業稅制調整。
　　○ 自然：例如全球暖化議題、永續環境重視。

● 為了方便記憶，有一個縮寫字PEST。
　　○ Political Factors：包含政治與法律環境。
　　○ Economic Factors：包含所有經濟因素。
　　○ Sociocultural Factors：包含社會與文化環境。
　　○ Technological Factors：包含技術環境與自然環境變遷。

● 政治：
　　○ 政黨輪替：選舉後的政黨輪替，影響政治環境。
　　○ 統獨意識：統獨意識影響兩岸關係，影響不同產地產品銷售。
　　○ 國際政治：國際地緣政治影響行銷活動。

● 經濟：

---

[3] 本章重點綱要與考題由汪志堅特聘教授整理。

- ○ 經濟變化：零售市場受股市、經濟成長而改變。所得高，內需市場暢旺。
  - ○ 產業結構：產業外移、業務外包、引進外勞，影響工作就業，影響行銷活動。
  - ○ 所得分配：所得分配狀況會影響奢侈品銷售。
  - ○ 儲蓄比率：影響耐久品、消費品的支出比率。
  - ○ 債務狀況：消費者的負債狀況，影響消費支出。
  - ○ 信用能力：房貸、信貸的緊縮會影響消費支出。
  - ○ 價格水準：零售物價指數會影響行銷活動。

- ● 社會文化：
  - ○ 人口結構：人口結構老年、新生兒減少。
  - ○ 教育程度：大學普及、研究所普及、高學歷低所得。
  - ○ 家庭結構：晚婚、不婚、不育子女、隔代教養、單親、獨居、同性婚姻。
  - ○ 價值體系：例如反酒駕的價值體系，影響酒類消費，衍生汽車代駕商機。
  - ○ 消保意識：對於消費者保護意識的提升。
  - ○ 種族族群：新住民增加、新住民之子女增加。
  - ○ 次文化：非主流文化，青少年次文化、重機消費者次文化。

- ● 科技：
  - ○ 持續式創新(漸進式創新)：持續提升，例如電腦速度提升。
  - ○ 破壞式創新：徹底改變現況的全新科技，例如：
  - ○ 真空管的時代，半導體的發明屬於破壞式創新，讓真空管的時代結束。
  - ○ 仍在使用傳真機的年代，電子郵件的發明，使得傳真機被淘汰。
  - ○ 創新的管制：為了避免安全疑慮，政府可能會管制科技，或設定限制。
  - ○ 創新管制的舉例：
  - ○ 基因改造：必須強制標示。
  - ○ 金融創新：加強金融監理。
  - ○ 藥物上市：嚴謹臨床試驗。
  - ○ 通訊產品：避免資安疑慮。

- ● 法律：

- ○ 公平競爭：公平交易法。
- ○ 消費保護：消費者保護法、食品法規、公安法規、產品標示法規、隱私保護。
- ○ 環境保護：各種環境保護法規、空污法、廢棄物法規、污水法規。
- ○ 稅率稅制：影響經營成本。

● 自然：
- ○ 氣候變遷：全球暖化、農作物收成、極端氣候。
- ○ 疫情衝擊：影響人類健康。造成產業改變。外送、外帶、電子商務興起。
- ○ 環境保護：強調生態永續的消費習慣。
- ○ 再生能源：綠能、再生能源受到重視。

3.2 行銷資訊系統

● 行銷資訊系統：系統化的蒐集、分析相關資訊，提供組織內行銷決策者參考。

● 行銷資訊系統的主要資訊來源：內部資料、外部資料、公開資料、網路輿情。
- ○ 內部資料：行銷體系內成員提供的資料來分析環境。
- ○ 企業內資訊系統：銷售、生產、庫存資訊。
- ○ 企業內銷售人員：發現並提報資訊。
- ○ 企業的經銷體系：經銷商、中間商、零售商回報資訊。
- ○ 外部資料：從行銷體系外成員獲得資料來環境資訊。
- ○ 這種外部資料的資訊提供者並非企業的行銷體系成員，也不是市場上已經整理好的研究報告，也不是網路上可以自由取得的，而是必須自行收集的。
- ○ 顧客訪談：針對顧客或非顧客(潛在顧客)進行訪談，收集了解消費者想法。。
- ○ 競爭對手：競爭的產品、商展、公開報告、廣告、新聞報導
- ○ 秘密顧客：收集己方或競爭者資訊。
- ○ 外部專家：產業專家提供資訊。
- ○ 公開資料：市場上可取得的公開資料。
- ○ 市調報告：市場調查公司、行銷研究公司、廣告公司所發表的報告。
- ○ 政府資訊：政府所發表的統計報告。

- ○ 網路輿情：可以在網路上蒐集的市場情報。
- ○ 公開論壇、社群、討論區、顧客抱怨網站。
- ○ 經銷商、銷售商網站的回饋資訊。
- ○ 專業的產品評論、部落格。

- 快速反應Quick Response：
  - ○ 行銷工作者，應迅速收集各種行銷資料，進行策略調整，掌握市場先機。

3.3 趨勢與市場預測

- 趨勢變化類型：熱潮、趨勢、長期走向。
  - ○ 一窩蜂熱潮fad：短暫、快速興起、快速衰退。
    - ■ 例如葡式蛋塔、夾娃娃機。
  - ○ 趨勢trend：持久、穩定的走向。
    - ■ 例如電子商務、行動商務。
  - ○ 長期走向megatrend：慢慢成形，緩慢改變、影響深遠分析。
    - ■ 例如全球化。

- 需求預測：需要先確認，預測的範圍，包括產品範圍、時間範圍、空間範圍。
  - ○ 產品範圍：單一產品、產品類型、產品線、公司銷售量、產業銷售量。
  - ○ 時間範圍：短期、中期、長期。
  - ○ 空間範圍：本地、區域、全國、全球。

- 市場規模估計：潛在市場規模、市場規模、市佔率。
  - ○ 潛在最大市場規模：最大可能市場規模，包含已購買與仍未購買但有可能購買的消費者。例如人口數。
  - ○ 市場規模(目前市場規模)：已經購買產品的消費者總數，包含本公司產品與其他公司產品的消費者。
  - ○ 市佔率：公司產品佔市場總銷售額的比率。

- 市場滲透率：全體消費人口已使用產品的比率。

- 成熟市場：市場擴增空間有限，已接近最大市場規模。

- 成長市場：整個市場的銷售額仍有很大成長空間。市場滲透率仍低。

- 估計需求量：潛在最大市場規模 X 市場滲透率 X 廠商市佔率。
  - 舉例來說，行銷課本的需求量=每年修行銷課程人數 X 購書比率 X 書籍市佔率。
    - 1萬名 (課程學生) X 20% (購書率) = 2000 (市場規模)。
      2000 (購書學生) X 5% (市佔率) = 100 本(每年需求量)。

- 估計未來需求的方法：
  - 消費者調查：詢問消費者個人意見。
  - 銷售人員調查：詢問銷售人員意見。
  - 專家意見：專家進行預測。
  - 過去銷售量分析：根據過去銷售量預測未來。
  - 市場測試：試賣。

複習題目

( )1.下面哪一個縮寫字,是在討論總體環境分析?
   (1)PEST。
   (2)AWS。
   (3)SWOT。
   (4)BCG。

( )2.以下何者為網路上蒐集的市場情報。
   (1)企業內資訊系統所提供的銷售、生產、庫存資訊。
   (2)針對顧客或非顧客(潛在顧客)進行訪談,收集了解消費者想法。
   (3)市場調查公司、行銷研究公司、廣告公司所發表的報告。
   (4)公開論壇、社群、討論區、顧客抱怨網站。

( )3.以下哪一個項目,屬於自然環境?
   (1)選舉後的政黨輪替。
   (2)儲蓄比率影響耐久品、消費品的支出比率。
   (3)人口結構老年、新生兒減少。
   (4)氣候變遷造成全球暖化、農作物收成、極端氣候。

( )4.整個市場的銷售額仍有很大成長空間。市場滲透率仍低。這是指?
   (1)成熟市場。
   (2)成長市場。
   (3)衰退市場。
   (4)一窩蜂市場。

( )5.以下何者為企業內部就可直接得到(收集)的資料,最容易取得,不需要特別收集外部資料,且可用於行銷用途?
   (1)企業內資訊系統所提供的銷售、生產、庫存資訊。
   (2)收集競爭者資訊。
   (3)市場調查公司、行銷研究公司、廣告公司所發表的報告。
   (4)專業的產品評論、部落格。

( )6.環境分析的PEST縮寫字,指的是什麼?
   (1)political, economics, sociocultural, technological factors。
   (2)people, environment, science, technology。
   (3)people, energy, speed, technology。
   (4)political, energy, science, technology。

( )7.全體消費人口已使用該類產品的比率(非指單一廠商產品)。這是指?
   (1)經濟成長率。

(2)GDP。

(3)市佔率。

(4)市場滲透率。

（　）8.公司產品佔市場總銷售額的比率。這是指？

(1)全體消費人口已使用產品的比率。

(2)市場規模。

(3)市佔率。

(4)所有競爭者的市場滲透率。

（　）9.對於基因改造產品，政府要求必須強制標示。這是屬於？

(1)持續性創新。

(2)緩慢性創新。

(3)創新的管制。

(4)消費者對創新產品的接受度。

（　）10.已經購買產品的消費者總數，包含本公司產品與其他公司產品的消費者。這是指？

(1)市場規模。

(2)經濟成長率。

(3)本公司的市佔率。

(4)競爭者的市場滲透率。

（　）11.系統化的蒐集、分析相關資訊，提供組織內行銷決策者參考。這是指什麼？

(1)行銷資訊系統。

(2)電子商務。

(3)網路行銷。

(4)企業倫理。

（　）12.包含已購買與仍未購買但有可能購買的所有消費者，這是指？

(1)潛在最大市場規模。

(2)經濟成長率。

(3)市佔率。

(4)市場滲透率。

（　）13.環境變化中，「一窩蜂熱潮 fad」是指什麼？

(1)短暫、快速興起、快速衰退。

(2)例如電子商務、行動商務。

(3)例如全球化。

(4)慢慢成形，緩慢改變、影響深遠。

（　）14.「潛在最大市場規模 X 市場滲透率 X 廠商市佔率」，這是在估算什麼？

(1)產品需求量。

(2)經濟成長率。

(3)整個產業競爭程度。

(4)計算成本的規模經濟量。

( ) 15.環境變化中,「趨勢trend」通常是指什麼?

(1)短暫、快速興起、快速衰退。

(2)例如葡式蛋塔,極為快速竄起,又快速消失。

(3)持久、穩定的長期走向。例如電子商務。

(4)幾天內興起,之後又快速衰退。

( ) 16.選舉後,政局更迭,屬於哪一種總體環境?

(1)政治。

(2)經濟。

(3)社會。

(4)文化。

( ) 17.下面哪一個環境變化,屬於經濟環境?

(1)零售市場受股市、經濟成長而改變。所得高,內需市場暢旺。

(2)選舉後的政黨輪替。

(3)反酒駕的價值體系,影響酒類消費,衍生汽車代駕商機。

(4)徹底改變現況的全新科技,例如半導體的發明、網路的發明。

( ) 18.以下哪一個項目,屬於法律環境?

(1)人口結構老年、新生兒減少。

(2)確保公平競爭的公平交易法。

(3)儲蓄比率影響耐久品、消費品的支出比率。

(4)選舉後的政黨輪替。

( ) 19.以下何者為市場上可取得的公開資料。

(1)企業內資訊系統所提供的銷售、生產、庫存資訊。

(2)針對顧客或非顧客(潛在顧客)進行訪談,收集了解消費者想
法。

(3)市場調查公司、行銷研究公司、廣告公司所發表的報告。

(4)雇用秘密顧客,收集競爭者資訊。

( ) 20.對於金融創新,政府加強金融監理。這是屬於?

(1)持續性創新。

(2)緩慢性創新。

(3)創新的管制。

(4)消費者對創新產品的接受度。

複習題目解答

1	2	3	4	5	6	7	8	9	10
1	4	4	2	1	1	4	3	3	2
11	12	13	14	15	16	17	18	19	20
1	1	1	1	3	1	1	2	3	3

第四章 行銷研究

若能得到充足的資訊,將有利於正確的行銷決策。因此,本章針對行銷研究進行討論,討論內容包括行銷研究的目的,並討論行銷研究的進行程序,本章也將討論在行銷研究中,會採用的資料收集。最常被使用的資料收集方法是問卷調查,因此本章也對此部分進行討論。除了問卷調查以外,還有別的資料收集方法,本章也一併討論[4]。

4.1 行銷研究的目的

● 行銷研究提供行銷決策所需的資訊。

  ○ 充足的資訊,有利於正確的行銷決策。

● 行銷研究的範圍,包括:

  ○ 市場調查:了解市場規模、消費者偏好。
  ○ 產品偏好測試:特別產品推出前,進行測試。
  ○ 地區銷售預測:進入特定市場前,進行銷售預測。
  ○ 廣告評估:評估廣告是否達到效果。
  ○ 競爭分析:評估己方與競爭者產品的競爭狀況。
  ○ 各種行銷策略評估:評估各種行銷策略是否達到效果。

● 行銷研究是需要耗費經費的。

● 並非所有行銷問題,都需要進行研究,才能收集資料。

  ○ 如果很明顯的,能夠從行銷知識來推論猜測,可以省去行銷研究的預算。

● 各種型態的行銷研究:

  ○ 自行研究:行銷人員自行研究,以收集行銷決策所需資訊。
  ○ 委託研究:委託學校、行銷公司、市調公司進行研究,取得行銷決策所需資訊。
  ○ 收集網路資料:自行行銷收集網路資訊,以取得決策所需資訊。
  ○ 觀摩競爭對手:觀摩競爭對手,獲得相關資訊。

---

[4] 本章重點綱要與考題由汪志堅特聘教授整理。

4.2 行銷研究程序

● 行銷研究的程序：
  ○ 定義問題與研究目標：定義想要回答的問題，以及想要達成的目標。
  ○ 發展研究計畫：規劃行銷研究的進行程序，估算研究需要的預算、資源、時間。
  ○ 收集資訊：採行諸如問卷調查、訪談、觀察、實驗等各種方法，實際收集資料。
  ○ 分析資訊：分析所收集之資料。
  ○ 呈現研究成果：將分析成果呈現。
  ○ 進行決策：根據研究結果進行決策。

4.3 資訊收集方法

● 常見的資料收集方法：
  ○ 問卷調查法：發放問卷以收集消費者意見。
  ○ 觀察法：以不露痕跡的方式，觀察購物或消費產品的狀況。
  ○ 民族誌法：研究人員長期融入消費活動中，深度挖掘消費者的消費行為。
  ○ 焦點群體：招募若干人(例如6-10人)，召開會議討論各議題。
  ○ 資料庫法(實際資料分析法)：收集實際的顧客買賣交易資料、實際的網站瀏覽紀錄。
  ○ 實驗研究：操弄變數，收集不同狀況下的差異。

4.4 問卷調查

● 常用的封閉式問卷形式：
  ○ 二分法：對/錯、是/否、有/無。
  ○ 單選題：多個選項擇一。
  ○ 複選題：每個選項都可勾選。
  ○ 語意差異量表：提供左右兩個相對應的形容詞，請受訪者在兩個形容詞選項中間，勾選較偏向哪一方的語意。
  ○ 李克特尺度：提供一個陳述句，請受訪者回答對於該陳述句的同意程度。
    ■ 重要性量表：與李克特尺度相似，但把同意程度改為重要性。

- ■ 評比量表：與李克特尺度相似，但把同意程度改為優劣評比。
- ■ 意圖量表：與李克特尺度相似，但把同意程度改為意圖。

- 常見的開放式問卷形式：
  - ○ 完全無結構：由受訪者自行發揮。
  - ○ 字彙聯想法：看到某一字彙後，詢問受訪者聯想到什麼。
  - ○ 語句填空法：由受訪者完成一個未完成的句子。
  - ○ 故事完成法：由受訪者完成一個未完成的故事。
  - ○ 對話完成法：圖畫描述兩人對話，一人說了一句話，由受訪者完成另一句話。
  - ○ 主題類化測驗：看到一則圖畫，詢問受訪者圖片可能發生什麼事。

4.5 資料收集

- 抽樣對象：
  - ○ 決定要調查什麼樣的受訪者。
  - ○ 樣本是否具有代表性。

- 樣本大小：
  - ○ 決定多少樣本才是足夠。
  - ○ 選舉民意調查常常是1000多份
  - ○ 行銷調查就不一定了。跟預算有關。

- 抽樣過程：如何選擇受訪者的程序。
  - ○ 樣本必須具有代表性。
  - ○ 自己的親朋好友，想法就跟自己相近，而非真正的顧客看法。

- 資料收集方法：
  - ○ 網路問卷：低成本。但不容易確認實際填答者是誰，需確保樣本(受訪者)組成與樣本代表性。
  - ○ 紙本問卷：中低成本，適用於只能以紙本接觸受訪者的情境。
  - ○ 電話接觸(電話問卷)：成本高，適用於開放式的問卷形式，或只能以電話接觸的情境。
  - ○ 人員接觸(人員親訪問卷)：成本極高，適用於需人員解釋問卷，或只能以人員接觸的情境。

● 主動受訪樣本與隨機抽樣受訪樣本，代表不同的族群。

  ○ 主動受訪樣本是因為特殊理由而受訪，例如要拿問卷贈品、對於產品品質不滿、對於服務不滿。這些受訪者因為特別理由而主動參加調查，比較有可能有偏誤，所收集到的是特定族群的意見。

  ○ 第一線服務人員，可能會刻意地將問卷發放給表現出很滿意的消費者，使得調查結果失真。這是因為受訪者代表特別滿意服務的族群。

  ○ 抽樣樣本是由調查者公正而隨機的決定發放問卷的對象。若調查者採行公正的隨機抽樣，會比較具有代表性，比較不會有偏誤。

複習題目

( ) 1.以下哪一種問卷調查，相對成本最低、可快速轉發，以收集到大量
樣本，但最難以控制受訪者的代表性？
(1)網路問卷。
(2)紙本問卷。
(3)電話問卷。
(4)人員親訪問卷。

( ) 2.問卷調查中，請受訪者在看到某一字彙後，詢問受訪者聯想到什
麼。這是哪一種的問卷資料收集方法？
(1)完全無結構的開放式問題。
(2)字彙聯想法。
(3)語意差異量表。
(4)故事完成法。

( ) 3.問卷題目中，提供左右兩個相對應的形容詞，請受訪者在兩個形容
詞選項中間，勾選較偏向哪一方的語意。這是哪一種問卷資料收集
方法？
(1)二分法。
(2)選擇題法。
(3)語意差異量表。
(4)李克特尺度法。

( ) 4.問卷題項是多個選項，受訪者每個選項都可以勾選，是哪一種問卷
資料收集方法？
(1)二分法。
(2)複選題法。
(3)語意差異量表。
(4)李克特尺度法。

( ) 5.以不露痕跡的方式，觀察購物或消費產品的狀況。這是哪一種資料
收集方法？
(1)問卷調查法。
(2)觀察法。
(3)民族誌法。
(4)焦點群體法。

( ) 6.定義想要回答的問題，以及想要達成的目標。這是行銷研究的哪一
個程序？
(1)定義問題與研究目標。
(2)發展研究計畫。

(3)收集資訊。

(4)分析資訊。

( ) 7.由受訪者自行發揮。這是哪一種的問卷資料收集方法？
(1)完全無結構的開放式問題。
(2)語意差異量表。
(3)語句填空法。
(4)故事完成法。

( ) 8.取得充足的資訊，有利於正確的行銷決策。這是指哪一種活動？
(1)行銷研究。
(2)論文寫作。
(3)人力資源管理。
(4)經營管理。

( ) 9.決定要調查什麼樣的受訪者。這是指資料收集的哪一個決策？
(1)抽樣對象(受訪對象)。
(2)樣本大小。
(3)抽樣過程。
(4)資料分析方法。

( ) 10.下面哪一種樣本，比較具有代表性？
(1)受訪者為了拿問卷贈品而主動參與調查。
(2)受訪者因為對於產品不滿而主動參與調查。
(3)受訪者因為對於服務人員不滿而主動參與調查。
(4)由調查者隨機發放問卷，而非受訪者主動參加問卷調查。

( ) 11.發放問卷以收集消費者意見。這是哪一種資料收集方法？
(1)問卷調查法。
(2)觀察法。
(3)民族誌法。
(4)焦點群體法。

( ) 12.收集實際的顧客買賣交易資料、實際的網站瀏覽紀錄。這是哪一
種資料收集方法？
(1)資料庫法(實際資料分析法)。
(2)觀察法。
(3)民族誌法。
(4)焦點群體法。

( ) 13.招募若干人(例如6-10人)，召開會議討論該議題。這是哪一種資料
收集方法？
(1)問卷調查法。
(2)觀察法。

(3)民族誌法。

(4)焦點群體法。

( ) 14.問卷題項只有「對/錯」、「是/否」、「有/無」的選擇,是哪一種問卷資料收集方法。

(1)二分法。

(2)複選題法。

(3)語意差異量表。

(4)李克特尺度法。

( ) 15.成本極高,適用於需人員解釋問卷,或只能以人員接觸的情境。這是哪一種問卷的特徵?

(1)網路問卷。

(2)紙本問卷。

(3)電話問卷。

(4)人員親訪問卷。

( ) 16.問卷中,提供一個陳述句,請受訪者回答對於該陳述句的同意程度。這是哪一種的問卷資料收集方法?

(1)二分法。

(2)選擇題法。

(3)語意差異量表。

(4)李克特尺度法。

( ) 17.第一線服務人員,可能會刻意地將問卷發放給表現出很滿意的消費者,會造成何種效果?

(1)問卷回收率過低。

(2)調查滿意度過低。

(3)問卷受訪者代表性不足。

(4)消費者對於問卷感到厭煩。

( ) 18.操弄變數,收集不同狀況下的差異。這是哪一種資料收集方法?

(1)資料庫法。

(2)實驗法。

(3)觀察法。

(4)問卷調查法。

( ) 19.下列何者「不屬於」行銷研究的一部分?

(1)市場調查:了解市場規模、消費者偏好。

(2)產品偏好測試:特別產品推出前,進行測試。

(3)地區銷售預測:進入特定市場前,進行銷售預測。

(4)生產效率提升:生產線製程改善提升。

( ) 20.以下關於行銷研究的陳述,何者「錯誤」?

(1)行銷研究是需要耗費經費的。

(2)並非所有行銷問題，都需要進行研究，才能收集資料。如果可以利用行銷知識直接推論，不一定要進行研究。

(3)取得充足的資訊，有利於正確的行銷決策。

(4)必須進行消費者問卷調查，才算是行銷研究。其他的方法，不算是行銷研究。

複習題目解答

1	2	3	4	5	6	7	8	9	10
1	2	3	2	2	1	1	1	1	4
11	12	13	14	15	16	17	18	19	20
1	1	4	1	4	4	3	2	4	4

第五章 顧客滿意與忠誠

消費者會設法尋找對自己最有價值的商品與服務， 維持顧客滿意與建立消費者忠誠，是行銷人員努力的目標，也是消費者再次購買的關鍵，能夠獲得忠誠使用者，對於企業營收貢獻甚巨。本章針對消費者的知覺價值、消費者滿意、消費者獲利分析、消費者忠誠、顧客關係管理等主題，進行討論[5]。

5.1 顧客知覺價值

- 顧客會設法尋找對自己最有價值的商品與服務。
  - 每個消費者關心的價值項目可能不同。

- 顧客知覺價值取決於利益與成本的差異。
  - 成本：
    - 金錢成本＋時間成本＋心力成本＋心理成本＋各種附帶成本。
  - 利益：
    - 產品利益＋服務利益＋衍生利益＋形象利益＋各種附帶利益。

- 消費者付出的不是只有金錢，
  - 任何產品(服務)的真實價格，是取得該東西所付出的所有有形與無形的成本。

- 競爭產品的顧客知覺價值，會影響到消費者的選擇決策。
  - 多個產品的價值高於成本時，並不保證消費者會購買。消費者會選擇最有利於自己的產品。

- 價值主張(value proposition)是指公司可提供給顧客所有利益的集合。
  - 各種有形與無形利益，都涵蓋在內。

---

[5] 本章重點綱要與題庫由汪志堅特聘教授整理。

5.2 顧客滿意

● 顧客滿意是消費者比較產品(或服務)的知覺實際績效與期望績效後，知覺到的愉快或失落。
  ○ 實際績效＞期望績效，消費者感到滿意。
  ○ 實際績效＜期望績效，消費者感到不滿意。

● 提高滿意度的方法：
  ○ 提升實際績效。但常需要增加成本。
    ■ 提升顧客滿意不是企業經營的終極目標，因為提升滿意可能需要增加成本。顧客雖然非常滿意，但太貴了，仍然不會購買。
  ○ 降低期望績效。但常造成消費者不願購買。
    ■ 降低顧客期望不是提升滿意度的好方法，因為降低期望可能使消費者不願購買。

● 消費者傾向於將滿意視為是「理所當然」。
  ○ 不滿意的負面效應，大過滿意所造成的正面效應。

● 過度設法討好消費者時，其他利害關係人可能感到不滿。
  ○ 員工可能認為過度討好顧客，造成員工士氣低落。
  ○ 股東可能不滿成本上升導致經營績效不彰。
  ○ 有些消費者是難以討好的。
  ○ 每個消費者關心的屬性構面可能各有不同，討好某個消費者，可能造成另一個消費者不滿。

● 神秘客、秘密客(mystery shopper)：
  ○ 假冒一般消費者，從一般消費者的角度來了解自家產品或競爭者產品。

● 為什麼要提升顧客滿意
  ○ 顧客滿意可以為企業帶來正面評價，吸引未來消費者購買。

5.3 顧客獲利力分析

● 並非每一位顧客都能為企業帶來利潤。
  ○ 要找出最能為企業帶來利益的顧客，而非找到最多的顧客。

- 顧客獲利力分析(customer profitability analysis)：
  - 分析來自該顧客的所有成本，以及該顧客帶來的所有收入。
  - 必須將所有直接與間接成本都計算進去。
- 顧客終生價值(customer lifetime value)：該顧客能為公司帶來的全部價值。
  - 不同促銷活動所吸引來的消費者，能為公司帶來的顧客終身價值不同。
- 顧客保留率(customer retention rate)：
  - 繼續購買產品的顧客比率。
- 顧客流失率(customer loss rate)：
  - 不再購買產品的顧客比率。
- 顧客不可能完全不流失。
  - 例如顧客搬家、年紀增長後不再需要該類產品。
  - 例如顧客喜新厭舊，習慣購買新產品。
- 顧客流失原因分析：找出公司可以改善的地方，排除公司無法改善的地方。
  - 高價值顧客的流失率，較為重要。
  - 失去顧客的終生價值＞保留顧客所需的成本，設法保留該顧客。
  - 失去顧客的終生價值＜保留顧客所需的成本，不適合強留該顧客。
- 提升顧客獲利力的方法：
  - 降低顧客流失率：減少不再購買產品的顧客比率。
  - 交叉銷售：將其他產品銷售給現有顧客。
  - 將低獲利力顧客轉換為高獲利力顧客：將較高利潤產品銷售給低獲利力顧客。
  - 投注心力於高獲利力顧客：高獲利力顧客才是獲利的關鍵。

5.4 顧客忠誠

- 要建立顧客忠誠，要提升從顧客觀點的利益：

- 財務性利益：與企業繼續交易，可以帶來財務性利益，例如老顧客優惠、紅利點數。
  - 非財務性利益：例如因為與銷售人員的社交關係產生的情感，使得顧客繼續與企業交易。

- 忠誠方案、里程計畫、紅利點數：
  - 提供實質優惠給經常購買或大量購買的消費者。

- 增加轉換成本：
  - 讓消費者維持忠誠時，所需的成本較低。轉換到其他產品時，所需成本提高。

- 顧客已經流失後，未來仍有可能重新購買。
  - 設法吸引高獲利力的舊顧客，可以提升獲利。

5.5 顧客關係管理

- 顧客關係管理系統：將顧客的詳細資料彙整，並記錄與顧客互動的過程。
  - 可以將顧客分類，為重要顧客提供優質的服務，提高顧客忠誠。

- 個人化行銷(personalizing marketing)：針對顧客的差異，提供不同的行銷。
  - 因為顧客關係管理系統，使得個人化行銷變得有可能。

- 許可式行銷(permission marketing)：獲得消費者許可後，才進行行銷溝通。
  - 避免提供消費者不需要的資訊，干擾消費者。

- 消費者賦權(consumer empowerment)：不再只是廠商提供產品給消費者，而是消費者可以具有力量可以決定產品的各種決策。
  - 消費者不再是單純的接受者，而扮演決定者的角色。
  - 消費者可以具有力量可以參與建議，提供意見給廠商。
  - 消費者可以提供建議，參與或決定新產品的各種決策。
  - 增加消費者參與，使得消費者的忠誠度增加。

- 產品評論(product review)與網路口碑(word-of-mouth)：
  - 消費者對於產品的看法。

- 大部分是一般消費者的意見，但也有可能是網路寫手(網軍)所為。
- 已成為消費者決策過程中的主要資訊來源。

● 顧客抱怨是提供服務補救的機會。
- 若無法補救，就有機會變成負面口碑

複習題目

( ) 1.下面關於滿意度的陳述,何者錯誤?
(1)並非每一位顧客都能為企業帶來利潤。
(2)要找出最能為企業帶來利益的顧客,而非找到最多的顧客。
(3)應該要讓所有消費者都感到滿意。不計任何代價。
(4)討論顧客滿意度時,需要關心成本課題。

( ) 2.下面關於顧客終身價值、顧客獲利分析的陳述,何者錯誤?
(1)不同促銷活動所吸引來的消費者,能為公司帶來的顧客終身價值不同。
(2)應該分析來自該顧客的所有成本,以及該顧客帶來的所有收入。
(3)要找出最能為企業帶來利益的顧客,而非找到最多的顧客。
(4)顧客滿意度愈高,顧客的終身價值就愈高。

( ) 3.以下方法何者「不能」提升顧客獲利力?
(1)降低顧客流失率:減少不再購買產品的顧客比率。
(2)交叉銷售:將其他產品銷售給現有顧客。
(3)投注心力於高獲利力顧客:高獲利力顧客才是獲利的關鍵。
(4)盡一切可能,設法留住所有的顧客。

( ) 4.下面關於提升滿意度的方法,何者正確?
(1)通常不需要成本,就可以提升產品實際績效。
(2)提高消費者購買前的期望績效,可以提升滿意度。
(3)提升顧客滿意是企業經營的終極目標,因此無須考慮成本。
(4)提升實際績效可以增加滿意度。但常需要增加成本。

( ) 5.請問什麼是:顧客終身價值(customer lifetime value)?
(1)是指該顧客能為公司帶來的全部價值。
(2)必須考慮所有的收益,但無須考慮全部成本。
(3)是指顧客滿意度,滿意度愈高,顧客的終身價值就愈高。
(4)重點是讓所有消費者都感到滿意,就能提高顧客終身價值。

( ) 6.下面哪一種做法,可以讓消費者在維持忠誠時所需付出的成本較低。轉換到其他產品時,所需付出的成本提高?
(1)藉由維持銷售人員與顧客間的情感來留住消費者。
(2)增加消費者轉換產品時需付出的轉換成本。
(3)投注心力於高獲利力顧客。
(4)吸引新消費者,給予新顧客才能享有的特別優惠。

( ) 7.顧客流失率(customer loss rate)是指?
(1)繼續購買產品的顧客比率。

(2)不再購買產品的顧客比率。

(3)分析來自該顧客的所有成本，以及該顧客帶來的所有收入。

(4)該顧客能為公司帶來的全部價值。

( ) 8.關於顧客流失的陳述，何者「錯誤」？

(1)顧客不可能完全不流失。

(2)顧客搬家、不再需要該類產品，就會流失。

(3)需要進行顧客流失原因分析，找出公司可以改善的地方。

(4)要不惜一切代價降低顧客流失。

( ) 9.以下關於顧客知覺價值的陳述，何者「錯誤」？

(1)顧客會設法尋找對自己最有價值的商品與服務。

(2)每個消費者關心的價值項目可能不同。

(3)顧客知覺價值取決於利益與成本的差異。

(4)價值高於成本，消費者就會購買，而不會有其他的影響因素。

( ) 10.會員紅利點數，主要是為了什麼目的？

(1)建立顧客忠誠。

(2)給予新顧客才能享有的特別優惠。

(3)建立顧客與銷售人員的社交關係。

(4)進行交叉銷售，將其他產品銷售給現有顧客。

( ) 11.滿意與不滿意，何者的影響力較大？

(1)滿意的影響力比較大，大過不滿意的負面影響力，因為滿意後
決定購買後的再次購買行為。

(2)不滿意是沒有影響的，不滿意的消費者，不會再次購買，因此
無足輕重。

(3)滿意的影響力比較大，我們只會討論滿意度，不會討論不滿意
度。

(4)不滿意的負面效應，常常大過滿意所造成的正面效應。

( ) 12.顧客獲利力分析(customer profitability analysis)是指？

(1)繼續購買產品的顧客比率。

(2)不再購買產品的顧客比率。

(3)分析來自該顧客的所有成本，以及該顧客帶來的所有收入。

(4)該顧客能為公司帶來的全部價值，無須考慮成本。

( ) 13.下面哪種方法，「難以」提升顧客忠誠？

(1)與企業繼續交易，可以帶來財務性利益，例如老顧客優惠、紅
利點數。

(2)例如因為與銷售人員的社交關係產生的情感，使得顧客繼續與
企業交易。

(3)提供實質優惠給經常購買或大量購買的消費者。

(4)給予新顧客才能享有的特別優惠。

( ) 14.顧客保留率(customer retention rate)是指？
(1)繼續購買產品的顧客比率。
(2)不再購買產品的顧客比率。
(3)分析來自該顧客的所有成本，以及該顧客帶來的所有收入。
(4)該顧客能為公司帶來的全部價值。

( ) 15.不再只是廠商提供產品給消費者，而是消費者可以具有力量可以
參與建議，提供意見給廠商，或決定新產品的各種決策。這是指什
麼？
(1)顧客關係管理系統。
(2)個人化行銷(personalizing marketing)。
(3)許可式行銷(permission marketing)。
(4)消費者賦權(consumer empowerment)。

( ) 16.關於產品評論(product review)與網路口碑(word-of-mouth)的陳述，
何者「錯誤」？
(1)包含消費者對於產品的看法。
(2)大部分是一般消費者的意見，但也有可能是網路寫手(網軍)所
為。
(3)已成為消費者決策過程中的主要資訊來源。
(4)是充滿敵意的，無須理會。

( ) 17.假冒一般消費者，從一般消費者的角度來了解自家產品或競爭者
產品。這是指什麼？
(1)神秘客(mystery shopper)。
(2)價值主張(value proposition)。
(3)顧客關係管理(customer relationship management)。
(4)問卷調查法。

( ) 18.請問什麼是價值主張(value proposition)？
(1)公司可提供給顧客所有利益的集合。各種有形與無形利益，都
涵蓋在內。
(2)包括金錢成本、時間成本、心力成本、心理成本、各種附帶成
本。
(3)消費者比較產品(或服務)的知覺實際績效與期望績效後，知覺
到的愉快或失落。
(4)分析來自該顧客的所有成本，以及該顧客帶來的所有收入。

( ) 19.老顧客續約優惠，主要是為了什麼目的？
(1)建立顧客忠誠。
(2)給予新顧客才能享有的特別優惠。

(3)建立顧客與銷售人員的社交關係。

(4)進行交叉銷售,將其他產品銷售給現有顧客。

(　　) 20.是否應該不計一切代價提升滿意度?

(1)應該,顧客永遠是對的。

(2)不應該,不應該無限制的提升顧客滿意度,因為成本可能上揚,股東可能不滿成本上升導致經營績效不彰。

(3)應該,顧客愈多愈好,愈滿意愈好。不應該考慮成本。

(4)不應該,顧客滿意度與績效無關。因此,完全不需要考慮滿意度。

複習題目解答

1	2	3	4	5	6	7	8	9	10
3	4	4	4	1	2	2	4	4	1
11	12	13	14	15	16	17	18	19	20
4	3	4	1	4	4	1	1	1	2

第六章 消費市場

大部分的行銷活動，針對的是消費者，想要贏得消費者的青睞。因此，了解消費者，是行銷活動中很重要的一部分。本章針對消費購買的影響因素進行探討，討論消費動機、感官知覺與情感、學習與記憶、購買決策過程等，進行討論。購買決策的過程，包括問題確認、資訊搜尋、購買決策、購後行為等。本章並從消費者的角度，討論購買過程中的風險[6]。

6.1 消費購買的影響因素

- 消費行為影響因素眾多，
  - 從總體面到個人面，至少包括：文化、社會、個人、心理等類別的因素。

- 文化因素：消費者所處的文化、次文化，會影響到購買行為。
  - 消費者的種族、宗教、地理區域，都會影響到文化與次文化。

- 社會因素：參考群體、意見領袖、家庭、其他消費者，都會影響消費行為。
  - 參考群體：對消費者產生影響的群體。
  - 意見領袖：經常對其他人產生影響力的人。
  - 家庭成員：家族成員會彼此影響購買決策。
    - 消費者所處的家庭生命週期，會影響消費行為。
  - 其他消費者：因為從眾與社會規範，消費決策會受其他消費者影響。

- 個人因素：職業、社會階級、所得等，都會影響消費行為。
  - 職業：消費者的工作類型會影響消費行為。
  - 社會階級：消費者知覺到自己在社會的位置、位階，會影響到消費行為。
  - 所得與財富：所得與財富會影響消費行為。

---

[6] 本章重點綱要與考題由汪志堅特聘教授整理。

● 心理因素：人格特質、生活型態、價值觀、其他心理因素等，都會影響消費行為。

　　○ 人格特質：與生俱來的個性，會影響消費行為。
　　○ 生活型態：消費者過生活的方式，會影響消費行為。
　　○ 價值觀：消費者對於事物價值的評價，會影響消費行為。
　　○ 動機、態度：消費者的動機與態度，會影響消費行為。

6.2 消費動機

● 動機包括生理的動機，以及心理的動機。

● 生理的動機：

　　○ 例如：飢餓、口渴、寒冷、炎熱，各種不舒適的感覺，是引發消費某一種產品或服務的生理動機。

● 心理的動機：

　　○ 馬斯洛：需要層級論。
　　　　■ 各層級的需要，逐層滿足。
　　　　■ 生理需要、安全需要、社會需要、尊重需要、自我實現需要。
　　○ 赫茲伯格：雙因子理論。
　　　　■ 保健因子：不會不滿意的因素。缺乏此因素，會不滿意。但擁有此因素，並不會滿意。
　　　　■ 激勵因子：可以導致滿意的因素。缺乏此因素，不會不滿意。但擁有此因素，會感到滿意。
　　　　■ 雙因子理論的應用：
　　　　■ 餐廳的食品衛生是保健因子，美味程度是激勵因子。
　　　　■ 沒有食品衛生，會不滿意。
　　　　■ 但有食品衛生，並不會滿意。
　　　　■ 餐廳的美味程度，是激勵因子，必須美味，才會感到滿意。
　　　　■ 如果只有食品衛生，不會感到滿意。

6.3 感官知覺與情感

● 接觸到感官刺激，會形成知覺。

● 常見感官刺激：觸覺、嗅覺、聽覺、味覺、視覺。

- 選擇性注意：大部分刺激都會被過濾，消費者只會注意到少數刺激。
- 選擇性扭曲：消費者會用自己預期的方式來解讀刺激。
- 選擇性保留：消費者只會保留想要的資訊。
- 消費者對於感官刺激的反應，不一定是理性的，也可能是情感性的。

- 潛意識知覺(subliminal perception)，又稱為閾(注音：ㄩˋ)下知覺。
  - 是指消費者並未意識到訊息的存在。但卻受到該訊息所影響。
  - 是否確實存在這種潛意識知覺，並無定論。

6.4 學習與記憶

- 學習是因為經驗而改變行為的過程。
  - 行為學習：因為從事過該行為，得到學習。
  - 認知學習：不一定從事過該行為，但有經過思考，將資訊學習。

- 學習取得的資訊，可能存於記憶。
  - 短期記憶：駐留短暫，且有嚴格的儲存容量限制。
  - 長期記憶：只要能回想起來，就能永久保存，且無容量限制。

- 記憶的編碼：
  - 長期記憶是節點與連結鏈的組合。
  - 連結愈多，愈容易被活化，記憶愈容易被取回。

- 記憶的取回：
  - 回想到連結鏈或節點，以便取回記憶。
  - 連結的強度會衰弱，因此會有遺忘。
  - 其他資訊會干擾連結。

6.5 購買決策過程：問題確認、資訊搜尋

- 消費者進行購買決策，會經歷：問題確認、資訊搜尋、方案評估、購買決策、購後行為等階段。
  - 問題確認：消費者購買產品的原因。
  - 資訊搜尋：取得相關資訊。

- 消費者的資訊來源：
  - 個人知識：過去的消費經驗、過去取得的消費資訊。
  - 商業性質資訊來源：廣告、網路購物網站介紹、產品官網之產品規格。
  - 非商業資訊來源：口碑、產品評論、媒體或第三方單位所提供資訊。

- 消費者只會搜尋知道且納入考慮的商品資訊。
  - 整體集合：所有產品的集合。
  - 知曉集合：消費者知道的產品集合。
  - 考慮集合：消費者納入考慮的產品集合。
  - 廣告活動讓消費者知曉產品的存在，使產品處於知曉集合之中。

6.6 購買決策過程：購買決策、風險、購後行為

- 方案評估：針對候選方案選項進行評估。
  - 不同消費者，考慮的屬性因素各有不同。
  - 某些屬性之間是可以互補的，可以截長補短。
  - 某些屬性之間是無法互補的，屬性間有優先順序，先考慮某些因素。

- 某些屬性之間是無法互補的，設有門檻，未達標準就無法納入考慮。購買決策：
  - 高涉入產品：深思熟慮各個因素。
  - 低涉入產品：根據某些因素，進行快速決策。

- 思慮可能模式(推敲可能模式elaboration likelihood model)：
  消費者若具有足夠的動機與能力，會選擇中央途徑進行思慮，否則會選擇周邊途徑。
  - 中央途徑：針對資訊進行理性的思慮。
  - 周邊途徑：參考周邊線索，例如品牌、代言人、價格、包裝，直接進行決策。

- 多樣化的購買行為：
  - 明顯的低涉入產品，應該要重複購買，但會尋求變化。例如飲料的購買行為。

- 購買決策的干擾：
    - 其他消費者的想法：從眾行為與社會規範，影響消費行為。
    - 情境因素干擾：購買時的情境因素，例如購買家電前，服務人員不在現場，櫃檯人員無法回答問題。

- 購買決策的風險：購買的過程中，消費者承擔不確定的風險。包括：
    - 功能性風險：功能未達預期。
    - 身體性風險：造成身體或健康威脅。
    - 財務性風險：價值不如產品價格。
    - 社會性風險：其他消費者的看法。
    - 心理性風險：消費者心理的想法。
    - 時間風險：可能耗費的時間成本。

- 購後行為：滿意或不滿意、購後行動(正面口碑、抱怨)、產品處置。
    - 滿意與不滿意，取決於期望程度。
    - 高度的滿意可能會衍生正面口碑。
    - 高度的不滿意可能會導致抱怨與負面口碑。
    - 沒有特別滿意，也沒有特別不滿意，比較不會產生口碑。
    - 網路時代，有許多可能的產品處置方式，包括：
        - 公開轉售
        - 公開贈與
    - 預期的轉售價格，會影響到願意購買的價格。

複習題目

( ) 1.請問，廣告、網路購物網站介紹、產品官網之產品規格，這是哪一種資訊來源？
    (1)個人知識。
    (2)商業性質資訊來源。
    (3)非商業資訊來源。
    (4)互補資訊來源。

( ) 2.消費者知道的產品集合。這是指哪一種集合？
    (1)整體集合。
    (2)知曉集合。
    (3)考慮集合。
    (4)不考慮集合。

( ) 3.購買決策與產品涉入之間的關係，以下何者正確？
    (1)面對高涉入產品，消費者不會深思熟慮各個因素。
    (2)面對低涉入產品，消費者會根據某些因素，進行快速決策。
    (3)消費者的產品涉入與購買決策沒有太大的關係。
    (4)消費者會深思熟慮高涉入的產品，但快速地進行購買決策。

( ) 4.請問以下關於思慮可能模式(推敲可能模式elaboration likelihood model)的陳述，何者正確？
    (1)消費者若具有足夠的動機與能力，會選擇中央途徑進行思慮，否則會選擇周邊途徑。
    (2)周邊途徑是指針對資訊進行理性的思慮。
    (3)中央途徑是指參考例如品牌、代言人、價格、包裝等線索，直接進行決策。
    (4)是指產品是否在考慮集合內。

( ) 5.請問，了解消費者購買產品的原因，是在購買決策的哪一個階段？
    (1)問題確認。
    (2)資訊搜尋。
    (3)方案評估。
    (4)購後行為。

( ) 6.購買的過程中，消費者承擔不確定。這是指什麼？
    (1)購買決策的風險。
    (2)資訊搜尋。
    (3)購後行為。
    (4)問題確認。

( ) 7.對消費者產生影響的群體。這是指什麼？

(1)參考群體。
(2)社會階級。
(3)人格特質。
(4)生活型態。

(　) 8.認為消費者並未意識到訊息的存在，但卻可能受到該訊息所影響。
這是指什麼？
(1)選擇性注意。
(2)選擇性扭曲。
(3)選擇性保留。
(4)潛意識知覺(subliminal perception，或翻譯為閾下知覺)。

(　) 9.餐廳沒有食品衛生，會不滿意。但有食品衛生，並不會就對餐廳感
到滿意，而是要考慮其他因素，才會感到滿意。因此，食品衛生是
哪一種因素？
(1)所謂的需要層級因子。
(2)所謂的心理需求因子。
(3)赫茲伯格提出的雙因子理論中，所謂的保健因子。
(4)赫茲伯格提出的雙因子理論中，所謂的激勵因子。

(　) 10.請問，口碑、產品評論、媒體或第三方單位所提供資訊，這是消
費者的哪一種資訊來源？
(1)個人知識。
(2)商業性質資訊來源。
(3)非商業資訊來源。
(4)互補資訊來源。

(　) 11.駐留短暫，且有嚴格的儲存容量限制。這是什麼？
(1)短期記憶。
(2)長期記憶。
(3)記憶編碼。
(4)記憶取回。

(　) 12.消費者只會保留想要的資訊。這是指什麼？
(1)選擇性注意。
(2)選擇性扭曲。
(3)選擇性保留。
(4)潛意識知覺(subliminal perception)。

(　) 13.以下關於潛意識知覺(subliminal perception)(或翻譯為閾下知覺)的
陳述，何者正確？
(1)是指消費者並未意識到訊息的存在。但卻受到該訊息所影響。

(2)有非常多的研究，證實這種潛意識知覺(或翻譯為閾下知覺)的
存在。

(3)廣告標語Slogan就是利用潛意識知覺的原理來進行。

(4)潛意識知覺的核心觀念是指消費者會用自己預期的方式來解讀
刺激。

( ) 14.經常對其他人產生影響力的人。這是指什麼？
(1)意見領袖。
(2)社會階級。
(3)人格特質。
(4)生活型態。

( ) 15.購買決策的風險，包括其他消費者給予負面評價看法所衍生的風
險。這是哪一種風險？
(1)功能性風險。
(2)財務性風險。
(3)社會性風險。
(4)心理性風險。

( ) 16.請問，滿意或不滿意、正面口碑、抱怨、產品處置，是在購買決
策的哪一個階段？
(1)問題確認。
(2)資訊搜尋。
(3)方案評估。
(4)購後行為。

( ) 17.大部分刺激都會被過濾，消費者只會注意到少數刺激。這是指什
麼？
(1)選擇性注意。
(2)選擇性扭曲。
(3)選擇性保留。
(4)潛意識知覺(subliminal perception)。

( ) 18.以下關於記憶的陳述，何者錯誤？
(1)消費者短期記憶的駐留時間短暫，且有嚴格的儲存容量限制。
(2)消費者的長期記憶，只要能回想起來，就能永久保存，且無明
顯的容量限制。
(3)消費者長期記憶內的連結愈多，愈容易被活化，記憶愈容易被
取回。記憶取回時，回想到連結鏈或節點，以便取回記憶。
(4)消費者長期記憶的記憶連結強度，是不會衰弱的，也不會受到
其他因素的干擾。

( ) 19.各層級的需要，逐層滿足。這是指什麼？

(1)馬斯洛提出的需要層級論。

(2)赫茲伯格提出的雙因子理論。

(3)所謂的保健因子。

(4)所謂的激勵因子。

(　　) 20.消費者會用自己預期的方式來解讀刺激。這是指什麼？

(1)選擇性注意。

(2)選擇性扭曲。

(3)選擇性保留。

(4)潛意識知覺(subliminal perception)。

複習題目解答

1	2	3	4	5	6	7	8	9	10
2	2	2	1	1	1	1	4	3	3
11	12	13	14	15	16	17	18	19	20
1	3	1	1	3	4	1	4	1	2

第七章 企業與政府市場

許多行銷活動的客群並不是針對消費者,而是企業與政府,因此,行銷管理者除了注意消費者行為之外,也應該要針對組織購買行為進行討論。本章首先討論組織購買與消費者購買的差異,之後討論採購部門的功能,以及介紹組織採購的過程。另外,組織購買的過程中,會出現長期供應體系,也就是組織版的重複性購買的運作方式。另外,政府採購與其他組織的採購,也有很多的不同,需要特別討論[7]。

7.1 組織購買與消費者購買的差異

- 購買者不一定是個別消費者,
  - 也可能是組織,包括企業與政府機構。

- 組織購買商品的目的,有不同類型:
  - 商品的最終使用者:組織購買商品的目的,是組織自行使用。此類購買行為與一般消費者的購買行為差異較小。
  - 商品的經銷體系成員:組織購買商品的目的,是為了轉售。此時組織是通路成員的一部分。
  - 商品的生產體系成員:組織購買商品的目的,是加工成為其他商品,再予以售出。此時組織是生產體系成員(供應鏈體系成員)的一部分。

- 企業品市場與消費品市場,主要差異:
  - 企業品的購買金額比較龐大。
  - 企業品的供應商與購買者的關係比較緊密。
  - 企業品經常是專業採購。
  - 企業品採購決策成員眾多。
  - 企業品需要多次銷售拜訪。
  - 企業品的需求是由最終消費品的需求所驅動
  - 企業品易受訂單影響
  - 數量大的企業品,通常採取直接採購

7.2 採購部門

- 企業品的採購情境:

---

[7] 本章重點綱要與考題由汪志堅特聘教授整理。

- ○ 初次購買：經常需要經過複雜的採購程序。
- ○ 直接再次購買。
- ○ 修正後再次購買。

- ● 企業品初次購買，採購者必須決定：
  - ○ 產品規格。
  - ○ 價格上限。
  - ○ 交貨條件。
  - ○ 售後服務條件。
  - ○ 付款條件。
  - ○ 訂購數量。
  - ○ 供應商。

- ● 採購決策過程中，組織內成員所扮演的角色：
  - ○ 發起者：要求採購該產品的人。
  - ○ 使用者：實際使用該產品的人。
  - ○ 影響者：影響購買決策的人。
  - ○ 決定者：決定購買條件、供應商的人。
  - ○ 同意者：核可採購行動的人。
  - ○ 採購者：進行採買的人。
  - ○ 守門員：有可能阻擋銷售活動進行的人。

- ● 採購單位成員的個人因素，會影響採購的進行。
  - ○ 可能會有關鍵性的購買影響者。
  - ○ 存在代理問題(代理理論)：組織的利益與採購人員的考量，不一定相同。採購人員可能基於私利，或基於自己的作業方便，進行決策。
    - ■ 這裡所說的代理，並非指代理商。
  - ○ 代理問題(agency problem)是指委託人(principal)與代理人(agent)之間因目標不一致，而產生利益衝突之情事。委託人是公司，代理人是負責採購的員工。公司希望負責採購的員工認真負責，但負責採購的員工，可能基於私利，或基於自己的作業方便，進行決策。

7.3 組織採購過程

- ● 組織的採購過程：
  - ○ 問題確認
  - ○ 一般需求描述
  - ○ 決定產品規格

- ○ 尋找供應商
- ○ 徵求提案書
- ○ 選擇供應商
- ○ 契約訂定
- ○ 績效評估

● 採購人員是否廣泛尋找供應商？
  - ○ 政府部門與企業部門做法不同。
    - ■ 如果是政府部門採購，超過一定金額時，可能要求至少徵詢三個供應商(取得三張估價單)。
    - ■ 如果是政府部門採購，超過一定的金額門檻時，可能要求公開招標。
  - ○ 如果是企業採購，不一定嚴格要求要徵詢幾個供應商。但有些公司會採取跟政府部門一樣的做法，要求取得三張估價單，或要求進行招標。
    - ■ 企業可能根據採購金額或採購重要性，廣泛徵詢或是只徵詢少數供應商。
  - ○ 極小金額的採購，可能與一般消費者採購程序接近，不會啟動複雜的採購過程。

● 徵求提案書：Request for Proposal RFP。
  - ○ 已有採購構想，邀請廠商進行提案報告，以便決定如何採購。
  - ○ 通常適用於非規格品的採購。

● 選擇供應商的考慮因素：
  - ○ 品質、規格等選擇因素。
  - ○ 價格考量。
  - ○ 供應商數目：單一供應商、多重供應商。
    - ■ 單一供應商，可以維持緊密關係，達到數量規模經濟，但有可能受該供應商箝制。
    - ■ 多重供應商可以避免被單一廠商箝制，但關係較不緊密，且較不具有規模經濟。
  - ○ 採購的目的若是為了作為加工用的原料，產品包裝精美程度並非重要考慮因素。

● 整體性解決方案(total solution)：
  - ○ 企業經常喜歡向同一廠商購買完整的解決方案，以減少問題。

7.4 長期供應體系

● 企業經常採取長期供應，減少再次採購的程序。
   ○ 尤其是原物料供應、設備供應。

● 企業供應的契約訂定：採購合約的分類。
   ○ 直接交易(不簽訂合約)：通常適用於標準規格品採購，或是單次採購。
   ○ 單次採購合約：適用於大金額採購，且只會進行一次採購。
   ○ 長期採購合約：適用於可能重複採購的情況。

● 企業品的售後服務：長期的穩定合作關係。
   ○ 專屬性設備投資：為了生產特別產品，量身訂做投資專屬性的資產設備。
   ○ 雙方建立長期穩定的關係。
   ○ 賣方所生產的產品，是針對買方所特製的，只能賣給該買方。
   ○ 買方具有高轉換成本。產品因為需要專屬性設備投資，因此難以輕易轉換供應商。

● 投機行為：
   ○ 長期供應者，進行欺瞞或不實供應。
   ○ 品質降低或規格不符。
   ○ 買賣雙方追求共同利益，才能避免投機行為。

7.5 政府部門市場

● 經常是以金額區分招標方式。
   ○ 低於一定金額，直接採購。
   ○ 介於一定金額，需要三家比價。
   ○ 超過一定金額，必須登錄到政府採購網，公開招標。

● 政府部門經常採取最低價得標。
   ○ 最常採取的是最有利標。
   ○ 特殊情況下，會採取最有利標。

● 有嚴謹的採購程序。
   ○ 為了遵守程序，不一定會進行最有效率的採購。
   ○ 超過一定金額，會採用嚴謹、複雜的採購程序。

- 可能要求多家供應商比價或投標。
    - 第一次招標若低於幾家，可能必須重新開標。

- 廠商資格的限制：
    - 通常狀況是不設限制，只要符合條件即可投標，少數狀況會設限制。
    - 某些特殊情況，可能限制之前必須有經驗(實績)。
        - 但這並非常態，並不是每次都會限制要有經驗(實績)。
    - 特殊狀況下，可能限制(不允許)外國廠商投標。
        - 但這並非常態，要視採購案性質，以及與各國簽訂的貿易條約。
    - 特殊狀況下，可能限制(不允許)特定國家的企業投標。
        - 可能基於安全理由，或其他理由。
        - 但這並非常態，要視採購案性質，以及與各國簽訂的貿易條約。
    - 可能在投標內要求特定規範，例如要求保護弱勢團體。

- 政府採購的特殊處
    - 付款時間可能較為冗長。
    - 可能有正式的驗收流程。
    - 政府的共同供應契約：
        - 簽訂後各個政府部門可以依共同供應契約，直接要求廠商供貨。免除逐一議約程序。
        - 政府採購中，有一個訂約機關，幫其他機關一起簽訂合約後，其他機關(其他政府部門)可依已經簽好的合約，直接要求廠商供貨，免除逐一招標、採購、議約的程序。
        - 政府訂有「共同供應契約實施辦法」。負責機關為行政院公共工程委員會。

複習題目

( ) 1.企業採購過程中，直接交易，不簽訂合約，適用於什麼情境？
　　(1)適用於標準規格品採購，或是單次採購。
　　(2)適用於大金額採購。
　　(3)適用於可能重複採購的情況。
　　(4)適用於非常複雜的採購。

( ) 2.組織採購時，代理問題會影響到採購決策。請問什麼是代理問題？

(1)組織的利益與採購人員的考量，不一定相同。採購人員可能基於私利，或基於自己的作業方便，進行決策。

(2)許多產品在購買時，需要透過白手套，才能購買。

(3)許多產品必須總經銷同意，才能購買。

(4)各地經銷體系，有代理區域範圍限制。

( ) 3.長期固定的供應，有可能產生投機行為。以下哪一種陳述「不是」這裡所說的供應關係的投機行為？

(1)所謂的投機，是指供應商進行欺瞞或不實供應。

(2)供貨品質降低或規格不符，就可能是因為投機行為。

(3)買賣雙方各懷鬼胎，追求自己的利益，而非追求共同利益，就會產生投機行為。

(4)廠商購買期貨或選擇權，以賺取價差。

( ) 4.關於政府採購的程序，何者正確？

(1)無論採購金額高低，一定要進行三家廠商報價。

(2)一定要進行招標。

(3)一定採取低價得標。

(4)根據採購金額，有不同的規範。

( ) 5.企業品的哪一種購買，採購單位必須逐一決定以下項目：產品規格、價格上限、交貨條件、售後服務條件、付款條件、訂購數量、供應商等事項。

(1)重要採購，金額不低，且為企業初次購買。

(2)直接再次購買。

(3)修正後再次購買。

(4)反覆購買。

( ) 6.決定購買條件、供應商的人。這是指哪一種採購角色？

(1)發起者。

(2)使用者。

(3)影響者。

(4)決定者。

( ) 7.企業採購以作為加工用的原料時，以下陳述何者錯誤？

(1)經常會有價格考量。

(2)選擇多重供應商可以避免被單一廠商箝制，但關係較不緊密，且較不具有規模經濟。

(3)選擇單一供應商，可以維持緊密關係，達到數量規模經濟，但有可能被該供應商掌握。

(4)產品包裝的美麗程度，經常是重要的考慮因素。

( ) 8.有可能阻擋銷售活動進行的人。這是指哪一種採購角色？

(1)使用者。
(2)採用者。
(3)守門員。
(4)發起者。

(　　) 9.組織購買時，是否存在關鍵性的購買影響者？
(1)有的，某些人的影響力較大。
(2)沒有，購買決策是集體決策，沒有誰的影響力較大的問題。
(3)沒有，是全部人投票決定的。
(4)有的，使用產品的人，就一定是關鍵影響者。

(　　) 10.企業或政府採購過程中，有可能會徵求提案書。以下關於徵求提案書的陳述，何者錯誤？
(1)英文是Request for Proposal，縮寫RFP。
(2)是指把想採購的東西，邀請廠商進行提案報告，以便決定如何採購。
(3)對於細部項目還沒確定，因此徵求提案書，請廠商提出建議。
(4)不論金額多寡，只要是政府採購，都會徵求提案書。即使是固定規格的採購，也會有此一階段。

(　　) 11.企業採購過程中，長期採購合約，適用於什麼情境？
(1)適用於標準規格品採購，或是單次採購。
(2)適用於可能只會採用一次的採購，或者是大金額採購。
(3)適用於可能重複採購的情況。
(4)適用於市場上就能買到的產品。

(　　) 12.以下何者，是指訂約機關幫忙簽訂合約後，其他機關具有共通需求特性之財物或勞務與廠商簽訂契約，使該機關及其他適用本契約之機關均得利用本契約辦理採購者。
(1)政府的共同供應契約。
(2)限制性招標。
(3)最低價格標。
(4)以下何者，是指政府採購中，有一個訂約機關，幫其他機關一起簽訂合約後，其他機關(其他政府部門)可依已經簽好的合約，直接要求廠商供貨，免除逐一招標、採購、議約的程序。

(　　) 13.企業品市場與消費品市場，主要差異「不包括」以下哪項？
(1)企業品易受訂單影響。
(2)數量大的企業品，通常採取直接採購。
(3)企業品有專門採購部門，採購決策成員眾多。
(4)企業品的購買通常是一個人就能決定。消費品的購買是一家人決定為主。

( ) 14.為了生產特別產品，量身訂做投資專屬性的資產設備，來供應產品給特定顧客，這樣的安排，不會造成什麼後果？
(1)雙方建立長期穩定的關係。
(2)賣方所生產的產品，是針對買方所特製的，只能賣給該買方。
(3)買方具有高轉換成本。產品因為需要專屬性設備投資，因此難以輕易轉換供應商。
(4)買賣雙方隨時可以中斷交易，沒有什麼障礙。

( ) 15.以下關於政府採購的陳述，何者錯誤？
(1)可能有正式的驗收流程。
(2)可能在投標內要求特定規範，例如要求保護弱勢團體。
(3)可能要求多家供應商比價或投標。
(4)付款時間非常快速。

( ) 16.請問以下的程序，屬於哪一類顧客的採購流程：問題確認、一般需求描述、決定產品規格、尋找供應商、徵求提案書、選擇供應商、契約訂定、績效評估。
(1)企業或組織採購流程。
(2)一般消費者採購流程。
(3)奢侈品採購流程。
(4)便利品採購流程。

( ) 17.關於採購人員是否廣泛尋找供應商的陳述，何者錯誤？
(1)超過一定金額的採購，政府部門可能要求徵詢三個供應商。
(2)企業不一定嚴格要求要徵詢幾個供應商。
(3)企業可能根據採購金額或者重要性，選擇廣泛徵詢或是只徵詢少數供應商。
(4)就算是極小金額的採購，也會啟動複雜的採購過程。

( ) 18.以下關於購買者的陳述，何者錯誤：
(1)購買者指的是消費者，不可能是組織、企業、政府。
(2)組織購買商品的目的，有可能是組織自行使用。此類購買行為與一般消費者的購買行為差異較小。
(3)組織購買商品的目的，有可能是為了轉售。此時組織是通路成員的一部分。
(4)組織購買商品的目的，有可能是加工成為其他商品，再予以售出。此時組織是生產體系成員(供應鏈體系成員)的一部分。

( ) 19.關於企業品(尤其是原物料供應、設備供應)的採購，以下陳述何者正確？
(1)經常採取長期供應，減少再次採購的程序。
(2)經常是每次重新採購，重啟採購的程序。

(3)採購過程是不會進行議價的。

　　　(4)採購一定不會簽訂合約。

（　　）20.企業經常會選擇整體性解決方案(total solution)，理由為何？

　　　(1)企業經常喜歡向同一廠商購買完整的解決方案，以減少問題。

　　　(2)整體性解決方案一定比較便宜。

　　　(3)市場上只能買到整體性的解決方案。

　　　(4)除了整體性解決方案，沒有其他解決方案。

複習題目解答

1	2	3	4	5	6	7	8	9	10
1	1	4	4	1	4	4	3	1	4
11	12	13	14	15	16	17	18	19	20
3	1	4	4	4	1	4	1	1	1

第八章 國際市場

廠商除了可以把產品銷售給本國市場的消費者，也可以把產品銷售到國外市場。本章將介紹國際市場的機會與威脅，並討論廠商如何選擇該進行哪一個市場？以及如何進入國際市場？進入國際市場時，廠商可以決定自己進行因地制宜，或是採取全球一致以降低成本的做法。消費者會喜歡本國的產品？還是進口的產品呢？本章也將討論產品來源國是否會影響到消費者對於產品的觀感[8]。

8.1 國際市場的機會與威脅

● 國際市場提供提升銷售量的機會。

　　○ 同樣的產品，若能增加市場規模，就有機會提高獲利。

● 進軍國際市場的理由：

　　○ 更多的市場：擴大市場規模
　　○ 反擊侵入者：以彼之道還之彼身。進入競爭者的市場。
　　○ 顧客外移：顧客遷移至國外，必須跟著進軍國際市場。

● 進軍國際市場的風險：

　　○ 不了解當地顧客偏好。
　　○ 不瞭解當地文化。
　　○ 低估國外法規規範。
　　○ 缺乏國際經驗之人才。
　　○ 地區風險：法規修改、匯率變動、政局動盪、政治風險。

● 生產基地與銷售市場

　　○ 進軍國際市場的目的，可能是：
　　　■ 尋找生產基地，
　　　■ 也可能是尋找銷售市場，
　　　■ 也可能兩者兼顧。

8.2 進入哪一個國際市場

● 進入多少市場：

　　○ 必須根據公司資源，決定能進入多少的市場。

---

[8] 本章重點綱要與考題由汪志堅特聘教授整理。

- ○ 不是進入愈多國際市場愈好，因為資源有限，每一個新市場都會耗費資源。
- ○ 進入哪些市場：並非每個市場都值得進入。
- ○ 心理接近性(psychic proximity)：企業比較喜歡進入語言、法律、文化接近的國家。
- ○ 競爭：企業比較喜歡進入競爭比較不激烈的市場。
  - ■ 在已開發國家的成熟產品，可能已經無利可圖。
  - ■ 但到了開發中國家或未開發國家，可能仍有龐大市場。
- ○ 當地消費能力：企業比較喜歡進入具有消費能力的市場。

- ● 自由貿易區、多邊貿易協定、雙邊貿易協定
  - ○ 自由貿易區內、多邊貿易協定、雙邊貿易協定，免關稅或關稅較低。
  - ○ 未處於自由貿易區(不適用多邊貿易協定、雙邊貿易協定體系)的情況下，貿易障礙較多。

8.3 如何進入國際市場

- ● 出口：將產品直接賣到國外。
  - ○ 優點：投資少、風險最低、最容易撤出國外市場。
  - ○ 缺點：掌握市場的能力低、獲利低。
    - ■ 直接出口：公司的出口部門、直營的海外銷售分公司、直接聘任的海外銷售代表、直接聘任的海外經銷商。
    - ■ 間接出口：先賣給國內的其他公司、貿易公司、農會等合作組織，由他們去接觸出口相關事宜。

- ● 授權：授與外國公司使用製程、商標、專利、商業機密，換取權利金。
  - ○ 優點：可以有權利金收入、投資少、風險小、有當地的合作夥伴、不一定需要出口產品(可在當地生產)。
  - ○ 缺點：公司自行掌握當地市場的能力低、商業機密有可能外洩、利潤需與合作廠商共享、無法決定全部的經營決策。
  - ○ 當地法規可能規定外國人不得經營，因此必須以授權方式進入市場。
    - ■ 例如某些國家，禁止外國人在當地經營零售業。

- ● 合資：與當地企業合資，共享控制權與所有權。

- 優點：了解當地狀況可因地制宜，市場擴充快，利潤分享較高。
  - 缺點：需要較多投資、當地企業不一定能配合母公司。
  - 當地法規可能要求必須進行合資，才能進入當地市場。

- 直接投資(獨資)：擁有當地公司全部或大部分股權。
  - 優點：具有掌控權、利潤全歸公司。
  - 缺點：需要較多投資、需要足夠人才、風險高。

- 收購：收購當地品牌，成為品牌組合之一。
  - 優點：當地品牌易打動消費者，最易打入當地市場。
  - 缺點：較為昂貴。

8.4 因地制宜或全球一致

- 全球一致的優點：
  - 成本考量。
    - 生產成本較低、研發成本較低、廣告宣傳成本較低。
  - 全球一致的形象。

- 因地制宜的優點：
  - 因地制宜的調整：適應當地需要。配合各國的文化差異。
  - 產品調整的選項：不改變產品(不調整)、微幅調整產品、開發新產品。
    - 開發新產品最能因地制宜，但成本最高。
  - 行銷溝通調整的選項：全球單一訊息(不調整行銷溝通內容)、大致相同但微幅調整、完全不同的溝通策略。
    - 各地採取完全不同的溝通策略最能因地制宜，但成本最高。
  - 定價：全球一致定價、依當地物價定價、依成本定價。

- 傾銷(dumping)：為了進入市場，以低於成本或低於本國市場價格的方式，大量出口進入外國市場。
  - 關鍵是：低於成本或低於本國市場價格。
  - 若經貿易調查屬實，廠商可能會被課徵「高額」反傾銷稅。而且可能影響整個國家同一產品類別都被課以反傾銷稅。

- 水貨(真品平行輸入)：

- ○ 會影響授權經銷商的投資效益。
- ○ 但基本上是合法的。
- ○ 某些產品需要輸入許可，並申請進行必要的檢驗。

8.5 產品的來源國

- ● 製造地會影響產品形象。
  - ○ 來源國效應：消費者會因為產品的來源國，而對產品產生特殊的聯想。
    - ■ 因為產品來源國而產生高品質(或是低品質)的聯想
  - ○ 國族優越感(種族中心主義)：
    - ■ 覺得自己國家產品比較優良的聯想。

- ● 產品製造地標示：
  - ○ 各國對於產品製造地標示有特定規範，
  - ○ 不同國家有不同規範。
    - ■ 台灣的「進口貨物原產地認定標準」規定重要製程或附加價值率超過百分之三十五以上者，才可列為台灣製造。
  - ○ 不能只是改包裝就改標示。
  - ○ 不可以錯誤標示。例如從A國出口的產品，卻標示為B國製造(除非有相關的原產地證明)。

複習題目

( ) 1.下列何者不應該是進入國際市場的理由？
　　⑴更多的市場：擴大市場規模。
　　⑵進入競爭者的市場。反擊侵入者：以彼之道還之彼身。
　　⑶導因於顧客外移：顧客遷移至國外，必須跟著進軍國際市場。
　　⑷將不符合規範的有害產品出口至外國。

( ) 2.進入國際市場「無法」獲得哪些好處？
　　⑴提升銷售量的機會。
　　⑵尋找原物料、零組件、組裝的生產基地。
　　⑶反擊侵入者：以彼之道還之彼身。進入競爭者的市場。
　　⑷禁止其他競爭者進入本國市場。

( ) 3.進入國際市場時，採取「出口：將產品直接賣到國外」，有什麼優
　　點。
　　⑴投資少、風險小。
　　⑵可以掌握當地市場。
　　⑶可以分得較多利潤。
　　⑷可以因地制宜。

( ) 4.因地制宜的產品，有什麼缺點？
　　⑴較難獲得低成本優勢。
　　⑵較難配合當地需要。
　　⑶較難配合文化差異。
　　⑷較難適應特殊使用背景。

( ) 5.授權：授與外國公司使用製程、商標、專利、商業機密，換取權利
　　金。這種進入國際市場的方式，有什麼缺點？
　　⑴需要大量的人才。
　　⑵公司自行掌握當地市場的能力低、商業機密有可能外洩。
　　⑶投資金額可能太多。
　　⑷無法因地制宜。

( ) 6.以下關於進入國際市場的陳述，何者錯誤？
　　⑴企業比較喜歡進入語言、法律、文化接近的國家。
　　⑵企業比較喜歡進入競爭比較不激烈的市場。
　　⑶某些產品在已開發國家的成熟產品，可能已經無利可圖。但到
　　　了開發中國家或未開發國家，可能仍有龐大市場。
　　⑷每一個外國市場都值得進入。

( ) 7.下面哪一種方式，最能因地制宜，但成本最高。
　　⑴採取全球一致的產品策略，不改變產品。

(2)調整產品以配合當地需要。

　　　(3)開發新產品以配合當地需要。

　　　(4)同樣的產品出口到世界各地。

（　　）8.覺得自己國家產品比較優良的聯想，這是指什麼？

　　　(1)來源國效應。

　　　(2)國族優越感。

　　　(3)原產地認定規範。

　　　(4)真品平行輸入。

（　　）9.進入國際市場時，與當地企業合資，共享控制權與所有權。有什麼
　　　優點？

　　　(1)投資金額最少。

　　　(2)了解當地狀況可因地制宜，市場擴充快，利潤分享較高。

　　　(3)具有掌控權、利潤全歸公司。

　　　(4)可以有權利金收入。

（　　）10.關於自由貿易區、多邊貿易協定、雙邊貿易協定，下面何者陳述
　　　是錯誤的？

　　　(1)某些情況下是免關稅或關稅較低。

　　　(2)未處於自由貿易區，不適用多邊貿易協定、雙邊貿易協定體
　　　系，貿易障礙較多。

　　　(3)在自由貿易區內投資，進入其他市場時，可能享受免關稅或低
　　　關稅的待遇。

　　　(4)自由貿易區內，因為關稅低，因此非關稅障礙會比較多。

（　　）11.進入國際市場的時候，經常會選擇心理接近性(psychic proximity)
　　　較高的國家，請問這是什麼樣的國家？

　　　(1)語言、法律、文化接近的國家。

　　　(2)競爭比較不激烈的國家。

　　　(3)產品價格比較接近的國家。

　　　(4)產品價格比較低，但沒有低太多的國家。

（　　）12.為了搶佔市場，以低於成本或低於市場價格的方式，進入外國市
　　　場。這種做法若經貿易調查屬實，可能會如何？

　　　(1)只會引起當地消費者反彈，並沒有太大影響。

　　　(2)廠商會被課徵「高額」反傾銷稅。而且可能影響整個國家同一
　　　產品都被課以反傾銷稅。

　　　(3)影響經銷商的投資效益。但不一定非法。

　　　(4)當地消費者以低價買到商品，因此政府並不會反對。

（　　）13.什麼叫做傾銷(dumping)？

(1)為了進入國外市場，以低於成本或低於本國市場價格的方式，大量出口進入外國市場。

(2)大量出口到其他國家。

(3)在其他國家的市佔率提高到市場前幾名。

(4)在其他國家市場的銷售額成長率快速提高。

( ) 14.如果希望能夠快速獲得資金回收，下面哪一種進入國際市場的方式，最快獲得資金回收？

(1)獨資。

(2)合資。

(3)收購當地品牌。

(4)授權。

( ) 15.下面哪一種進入國際市場的方式，風險最低，最容易撤出國外市場？

(1)出口。

(2)獨資。

(3)合資。

(4)收購當地品牌。

( ) 16.關於產品製造地標示的說明，何者正確？

(1)改包裝後，就可以趁機改標示。

(2)在別的國家生產的東西，出口到台灣後，要再轉出口到其他國家，因此，一開始就應該標示台灣製造。

(3)只要有一部分的東西在台灣加工，即使原料與製程在國外已經完成大部分，仍可以標示為台灣製造。

(4)產品中，重要製程或附加價值率超過百分之三十五以上是在台灣製造者，才可列為台灣製造。

( ) 17.因為產品製造國而產生高品質(或是低品質)的聯想。這是指什麼？

(1)來源國效應。

(2)國族優越感。

(3)種族中心主義。

(4)原產地認定規範。

( ) 18.關於真品平行輸入，以下陳述何者「錯誤」？

(1)常常被稱為水貨。

(2)影響授權經銷商的權益。

(3)屬於違法。任何人沒有經過原廠授權，是不可以進口該產品的。

(4)商品可以自由進口，只要沒有仿冒盜版之類問題，基本上就是合法的。

（　　）19.從A國出口的產品，是否可以標示為B國製造？
　　　　(1)絕對不可以。只要是A國港口出口的東西，無論原本是在哪裡
　　　　　加工、生產，都必須標示為A國製造。
　　　　(2)可以。只要有一小部分原料來自B國，就可以標示為B國製造。
　　　　(3)視情況為定。若有相關的原產地證明，可以標示為B國製造。
　　　　(4)出口地點就是製造地點，絕無例外。A國出口就是必須標示A
　　　　　國製造。

（　　）20.關於製造地的陳述，下面何者錯誤？
　　　　(1)製造地會影響產品形象。
　　　　(2)消費者會因為產品的來源國，而對產品產生特殊的聯想。
　　　　(3)某些消費者會覺得自己國家產品比較優良。
　　　　(4)廠商進口產品後，重新包裝產品後，就可以利用包裝的機會，
　　　　　把產品製造地更改為台灣。

複習題目解答

1	2	3	4	5	6	7	8	9	10
4	4	1	1	2	4	3	2	2	4
11	12	13	14	15	16	17	18	19	20
1	2	1	4	1	4	1	3	3	4

第九章 確認市場區隔與目標市場

進行行銷策略或行銷企劃時，要確定此產品的主要目標市場，選定目標市場前，必須先區分市場。因此，本章將先討論如何區隔消費者市場，再討論企業市場要區隔。區隔市場後，行銷工作者必須選擇市場，廠商可以選定一個很小的市場區隔，也可以選定很大的市場區隔[9]，或幾個市場區隔。

9.1區隔消費者市場

● 不進行市場區隔的缺點：
  ○ 消費者之間，存有偏好差異，正所謂「一樣米，養百樣人」或「海畔有逐臭之夫」。
    ■ 不進行市場區隔，就忽視、錯過這種差異的存在。
  ○ 一般來說，廠商資源、能力有限。
    ■ 企業如果分散行銷資源，則如同「散彈槍打鳥」，難以達到效果。
    ■ 需要更集中力量，專注於一群目標顧客。
    ■ 在這群目標顧客心中，建立一個有別於其它競爭者獨特定位。

● 然有時候，不進行市場區隔反而比較好。
  ○ 主要是因為：消費者大致上有相同的偏好，且市場未呈現出自然的區隔。
  ○ 此時採行無差異行銷(undifferentiated marketing)或大眾行銷(mass marketing)。

● 行銷的STP(Segmentation, Targeting, Positioning)：

  市場區隔(market segmentation)：
  ○ 行銷者根據市場的異質性，將市場加以細分後，成為較小的市場區隔，同一區隔內的消費者偏好與習性較接近。
  ○ 識別及描述不同需要和欲求的買家群體的過程。
  ○ 是指將顧客區分為不同群組。此處的顧客，可以是消費者或企業顧客。
  ○ 在市場區隔階段，焦點都放在顧客的差異，而非產品的差異。

---

[9] 本章重點綱要與考題由吳碧珠老師整理。

- ○ 每一個區隔市場(segment)，是由一群有相似需要與欲求的顧客形成。

● 行銷的STP(Segmentation, Targeting, Positioning)：

選擇目標市場(market targeting)：
- ○ 因為企業本身資源有限，因此選擇特定目標市場，專門針對該目標市場提供產品或服務。
- ○ 瞄準、選擇進入其中一個或多個市場區隔。
- ○ 評估、確認有吸引力（包括產業成長率、市場價格、市場規模、市場結構、競爭結構、技術等綜合指標）的市場區隔。
- ○ 企業要選擇適合自己的目標市場。
    - ■ 不是目標市場規模越大就越好。
    - ■ 因為大的目標市場，如果競爭者太多，企業可能難以獲利。
    - ■ 或者，如果企業無法在該目標市場優勢，會難以獲利。

● 行銷的STP(Segmentation, Targeting, Positioning)：

市場定位(market positioning)：
- ○ 為產品或服務進行定位。
- ○ 針對所選的目標市場，建立與傳達企業所能提供獨特利益的過程。
- ○ 常見的市場區隔變數：地理區域(geographic)、人口統計(demographic)、心理統計(psychographic)、行為(behavioral)變數。

● 地理區域變數：
- ○ 將市場區分為不同的地理單位，如國家、州(省)、區域、城市、街道、氣候等。
- ○ 例如台灣以北、中、南、東及離島進行區分，依據地區性客群異質性，量身打造行銷方案。
- ○ 一些國家，以郵遞區號進行市場區隔。
- ○ 區隔的變數可以包括：
    - ■ 教育水準與富裕程度
    - ■ 都市化程度
    - ■ 種族與種族地位
    - ■ 人口流動性

- 人口統計變數：
  - 與消費者需求、偏好與使用率高度相關，為最常用之區隔變數。
  - 年齡及家庭生命週期階段。
    - 例如：生產前，新生嬰兒，嬰兒，學步兒童和學齡前兒童。這樣的區隔方式，可用於孕婦與嬰幼兒產品廠商。
  - 性別
  - 所得
  - 世代(cohorts)：

- 國外常使用的世代名稱：
  - alpha世代(2010~2025年之間出生)。
  - Z世代(1997~2009年出生)。
  - Y世代(千禧世代，1981~1996年出生)。
  - X世代(1965～1980年出生的。
  - 嬰兒潮世代(二次大戰過後戰後嬰兒潮出生)。

- 台灣常使用的世代名稱：
  - 五年級生(民國50年代出生)。
  - 六年級生(民國60年代出生)。
  - 七年級生(民國70年代出生)。
  - 八年級生(民國80年代出生)。
  - 九年級生(民國90年代出生)。

- 中國大陸常使用的世代名稱：
  - 80後(1980-1989年出生)
  - 90後(1990-1999年出生)
  - 00後(2000-2009年出生)

- 種族與文化：
  - 本省、外省、原住民、新住民
  - 各種族群文化差異

- 心理統計變數：
  - 以「價值觀與生活型態」VALS Values and Lifestyles ，來區分消費群體。
    - 例如：藝術館將消費者分為文化取向、戶外取向的消費者。

- - ■ 例如：將消費者劃分為重視文化、重視體育或重視戶外活動這三個族群。
  - ○ 以「人格特質」為基礎，來區分消費群體。
  - ○ 以消費者動機來區分消費群體。

- 行為變數：
  - ○ 根據購買者對產品的知識、態度、購買與使用時機等，進行區隔。
  - ○ 需要與利益：確認獨特的市場區隔與其行銷意涵。
  - ○ 使用者與使用相關變數：
    - ■ 場合：採購或使用產品的時機。
    - ■ 使用者狀態：非使用者、曾經使用者、潛在使用者、首次使用者及規律使用者。
    - ■ 使用頻率：輕度、中度與重度使用者。
    - ■ 知悉階段：知道與否、感興趣、想要購買、決定購買。
    - ■ 忠誠度狀態：高度忠誠、分裂忠誠、移轉忠誠、游離者。
    - ■ 態度：熱情、正面、無差異、負面、懷有敵意。

9.2 區隔企業市場

- 要進行企業市場的區隔，使用的變數不同於消費者市場區隔的變數。
  - ○ 公司相關資料。
  - ○ 採購者的基本資料。

- 公司基本資料：
  - ○ 產業：服務哪種產業。
  - ○ 公司規模：服務何種規模的企業。
  - ○ 地理位置：服務哪個地理區域。
  - ○ 科技：專注何種的科技。
  - ○ 顧客：專注的顧客。

- 採購組織：
  - ○ 採購部門：高集權或高分權採購組織的企業。
  - ○ 權力結構：工程導向、財務導向、或其它導向的企業。
  - ○ 現行關係的本質：雙方關係密切的企業，或待開拓業務關係的企業。

- 一般採購政策：於租賃型、簽訂服務契約、系統採購或招標採購型企業。
  - 採購準則：專注在重視品質、重視服務或重視價格的企業。

- 情境因素
  - 迫切性：產品是否需要快速配送，服務是否需要快速提供。
  - 特定用途：產品專注於特定用途或廣泛性用途。
  - 訂購數量：大型訂單或小型訂單。

- 人員特徵
  - 買方與賣方相似性：顧客的態樣與價值觀，是否與賣方相似。
  - 對風險的態度：冒險或風險趨避的顧客。
  - 忠誠：買方的忠誠度。

9.3 選擇目標市場

- 選擇目標市場：
  - 「弱水三千，只取一瓢飲」：市場雖然很大，但不一定要每個市場區隔都要提供服務。
  - 確認出市場區隔的機會後，企業必須決定要鎖定某一個(或某幾個)區隔市場。
  - 行銷者可迅速結合數個變數，去經營最具競爭優勢及成長機會的目標群體。

- 市場區隔的吸引力與獲利率：
  - 利用市場成長性、競爭強度等變數，分析每個區隔的整體吸引力。
  - 分析各區隔之獲利能力。

- 區隔定位：
  - 根據每一區隔獨特之顧客需要，建立一價值主張(value proposition)與產品相對於價格(product-price)的定位策略。
  - 擴展區隔定位策略以含括行銷組合：產品、訂價、推廣與通路所有面向。

- 選擇市場區隔的準則：
  - 可衡量性(measurable)：

- ■ 該區隔變數是可被衡量的。
- ■ 某些變數難以進行衡量。
  - ○ 足量性(substantial)：
    - ■ 區隔出來的每一個市場區隔要有足夠的顧客人數，或者可獲利性高。
  - ○ 可接近性(accessible)：
    - ■ 區隔出的市場區隔，是可被行銷活動所接觸到的。
  - ○ 可區別性(differentiable)：
    - ■ 區隔之間能作有效、清楚區分。
  - ○ 可行動性(actionable)：
    - ■ 行銷者有能力設計有效的行銷活動來吸引與提供服務。

- ● 五力分析：

  Michael Porter 提出決定市場(或區隔)長期吸引力的五種力量(Five forces analysis)：
  - ○ 區隔內強烈競爭的威脅
  - ○ 新進入者的威脅
  - ○ 替代品的威脅
  - ○ 購買者議價力量的威脅
  - ○ 供應者議價力量的威脅

- ● 評估與選擇區隔市場
  - ○ 覆蓋整體市場(full market coverage)。
  - ○ 多重區隔專業化(multiple segments speialization)。
  - ○ 單一區隔集中化(single segment concentration)。
  - ○ 利基市場(niche market)。
  - ○ 個別化行銷(individual marketing)。

- ● 覆蓋整體市場(full market coverage)：公司試圖為所有客戶群提供他們可能需要的所有產品。
  - ○ 無差異行銷(undifferentiated marketing)或大眾行銷(mass marketing)：消費者大致上有相同的偏好，且市場未呈現出自然的區隔。
  - ○ 差異化行銷(differentiated marketing)：提供不同的產品，服務給市場上不同區隔的顧客。

- ● 多重區隔專業化(multiple segments specialization)：

86

公司選擇數個區隔，每個區隔都具有客觀吸引力與合適性。其中綜效概念之超區隔(supersegment)，指具有一些共通性的一組市場區隔。

- ○ 產品專業化(product specialization)：
  - ■ 專注在銷售一種產品，給數個不同的市場區隔。
  - ■ 例如專門製作顯微鏡，服務大學、政府部門及商業實驗室。
  - ■ 例如專注在只賣鱸魚湯的專賣店。
- ○ 市場專業化(market specialization)：
  - ■ 專注在某一市場區隔。專門滿足某一顧客群的需求。
  - ■ 例如專為大學實驗室提供各項所需產品。

- ● 單一區隔集中化(single segment concentration)：
  - ○ 專注於單一特定市場區隔。

- ● 利基市場(niche market)：
  - ○ 是指在一個市場區隔內，針對一組更狹窄定義的顧客群，提供獨特的利益組合。

- ● 個別化行銷(individual marketing)：
  - ○ 將產品與服務客製化到滿足個別消費者的需要與偏好。
    - ■ 大眾客製化(mass customization)。
    - ■ 一對一行銷(one-to-one marketing)。

複習題目

( ) 1.如果行銷經理決定根據消費者所居住的鄉鎮或社區,來細分市場,則該行銷經理將選擇什麼作為市場區隔的細分方法?
　　(1)人口統計。
　　(2)心理。
　　(3)地理。
　　(4)行為。

( ) 2.中國大陸說的90後,台灣說的七年級生,是指哪一種市場區隔變數?
　　(1)地理變數。
　　(2)人口統計變數。
　　(3)行為變數。
　　(4)心理變數。

( ) 3.針對所選的目標市場,建立與傳達企業所能提供獨特利益的過程。這可稱為什麼?
　　(1)市場定位。
　　(2)市場調查。
　　(3)市場傾銷。
　　(4)行銷效果。

( ) 4.如果行銷經理將消費者劃分為重視文化、重視體育或重視戶外活動這三個族群,則該經理係根據什麼變數來進行市場區隔劃分?
　　(1)人口統計。
　　(2)心理或生活型態。
　　(3)地理。
　　(4)性別。

( ) 5.只賣特定產品的專賣店,是運用於何種策略,來滿足特定市場區隔?
　　(1)客製化行銷。
　　(2)產品專業行銷。
　　(3)低成本行銷。
　　(4)一對一行銷。

( ) 6.市場區隔的關鍵,主要在於識別什麼?此一結果可以作為企業據以調整行銷計劃的基礎。
　　(1)與競爭者的產品差異。
　　(2)客戶差異。
　　(3)產業的外部環境與機會。
　　(4)產業的內部環境與威脅。

( ) 7.選擇一個或多個細分市場區隔的過程,稱為什麼?
　　(1)折扣戰。
　　(2)選擇目標市場。

　　　　(3)進軍國際市場。
　　　　(4)行銷研究。

(　　) 8.以下何者，是由一群擁有相似需求和需求的客戶組成。
　　　　(1)潛在進入者。
　　　　(2)市場佔有率。
　　　　(3)市場區隔。
　　　　(4)市場定位。

(　　) 9.消費者大致上有相同的偏好，且市場未呈現出自然的區隔。此時，
　　　　應該採取什麼樣的作法為宜？
　　　　(1)無差異行銷(undifferentiated marketing)或大眾行銷(mass marketing)。
　　　　(2)利基市場(niche market)。
　　　　(3)個別化行銷(individual marketing)。
　　　　(4)產品專業化(product specialization)。

(　　) 10.以下關於市場區隔與選擇目標市場的敘述，何者正確？
　　　　(1)小廠商或企業本身資源有限，故不須設定目標市場。
　　　　(2)市場規模越大，就是越好的目標市場。
　　　　(3)行銷在討論市場區隔與目標市場時，所謂的目標市場，是指國
　　　　　內市場或國外市場。
　　　　(4)行銷者根據市場的異質性，將市場加以細分後，成為較小的市
　　　　　場區隔，同一區隔內的消費者偏好與習性較接近。

(　　) 11.以下關於市場區隔的描述，何者正確？
　　　　(1)指辨識企業本身產品與競爭產品的區別，並更改本身產品的過
　　　　　程，與顧客(消費者)無關。
　　　　(2)是指訂定產品價格的過程。
　　　　(3)指在目標市場的腦海中，建立產品形像或標識的過程。
　　　　(4)是指將顧客區分為不同群組的過程，以識別及描述不同需要和
　　　　　欲求的消費者群體(買家群體)。

(　　) 12.某公司訴求「您的健康，我們照顧」，這句話是下列何種概念的
　　　　案例？
　　　　(1)市場區隔化。
　　　　(2)目標市場界定。
　　　　(3)市場定位或產品定位。
　　　　(4)差異化。

(　　) 13.購買者態度與忠誠係屬於何種市場區隔變數？
　　　　(1)地理變數。
　　　　(2)人口統計變數。
　　　　(3)行為變數。
　　　　(4)經濟變數。

(　　) 14.購買與使用時機係屬於何種市場區隔變數？
　　　　(1)地理變數。

(2)人口統計變數。
(3)行為變數。
(4)經濟變數。

（　）15.當藝術館將消費者分為文化取向、戶外取向的消費者時，他們使用的是哪一個區隔變數？
(1)行為場合。
(2)社會階層。
(3)人口統計。
(4)心理或生活型態。

（　）16.在一個市場區隔內，針對一組更狹窄定義的顧客群，提供獨特的利益組合。這是指哪一種市場區隔選擇？
(1)利基市場(niche market)。
(2)多重區隔專業化(multiple segments specialization)。
(3)無差異行銷(undifferentiated marketing)。
(4)產品專業化(product specialization)。

（　）17.某一超市訴求「來這裡買進美好生活」，這句話是下列何種概念的案例？
(1)市場區隔化。
(2)目標市場界定。
(3)市場定位或產品定位。
(4)差異化。

（　）18.何者「不是」有效的市場區隔變數應達成的要求？
(1)可衡量性。該區隔變數是可被衡量的。
(2)足量性。區隔出來的每一個市場區隔要有足夠的顧客人數，或者可獲利性高。
(3)可接近性。區隔出的市場區隔，是可被行銷活動所接觸到的。
(4)一致性。每個市場區隔之間，是一致的。各個市場區隔之間，沒有差異。

（　）19.以下關於市場區隔的描述，何者「不正確」？
(1)只有地理區域是市場區隔變數。所謂的區隔，就是指某一地理區域的全體民眾，如台灣市場。
(2)市場區隔是指將整個市場切割細分為數群。
(3)企業要透過區隔變數，決定瞄準、選擇進入其中一個或多個市場區隔。
(4)市場區隔是由一群有相似需要與欲求的顧客形成。

（　）20.將市場劃分為生產前，新生嬰兒，嬰兒，學步兒童和學齡前兒童。這是指哪一個變數？
(1)地理。
(2)年齡。
(3)收入。
(4)社會階層。

複習題目解答

1	2	3	4	5	6	7	8	9	10
3	2	1	2	2	2	2	3	1	4
11	12	13	14	15	16	17	18	19	20
4	3	3	3	4	1	3	4	1	2

第十章 產品品牌

選定目標市場後,要將產品行銷給消費者,此時必須了解在消費者心中,此產品的定位到底為何?因此,行銷工作者就必須將產品(品牌)進行適當的定位,讓產品(品牌)能在消費者腦海中占據某一顯著且重要的位置。本章將討論廠商如何在各品牌間的競爭下,如何發展產品定位[10]。

10.1 何謂品牌定位

● 定位(positioning):
  ○ 讓產品(品牌)深植於顧客心中,在消費者腦海中佔據一個顯著且重要的位置。
  ○ 找出以顧客為本的品牌價值主張(value proposition),說服目標顧客購買此產品(此品牌)的理由。
    ■ 例如健康有機生鮮店的價值主張:我們提供高品質、安全的食材。
    ■ 例如「您的健康,我們照顧」的價值主張。

● 定位執行策略:
  ○ 確認目標市場與相關競爭者,決定一組參照框架。
  ○ 參考框架下,找出各競爭品牌之相似點、相異點。
  ○ 創造一組統合品牌定位與精髓的品牌箴言(brand mantras),供內部行銷團隊與外部行銷夥伴使用。

10.2 品牌間競爭

● 競爭品牌:
  ○ 並非所有品牌都互相競爭。
  ○ 辨識競爭者:產品與服務功能接近的直接競爭品牌。
    ■ 潛在競爭者:企業心須留意潛在競爭者,那些以新的或其它不同方式提供滿足相同需要的廠商。

● 品牌知覺圖(conceptual map):
  ○ 提供量化性描述,關於消費者對品牌、產品、服務等在不同座標軸上的知覺與偏好。

---

[10] 本章重點綱要與考題由吳碧珠老師整理。

- 知覺圖上接近，意味著從消費者知覺來看，兩個品牌(或產品)具有高度可替代性。
    - 有助於瞭解各個競爭品牌在眾消費者的心目中所佔據的位置。
- 品牌知覺圖是從消費者出發的，而非從產品規格出發的。
    - 避免「行銷近視症」(marketing myopia)：避免只是狹隘的專注於研發與生產那些自認為優質的產品，而忽略消費者需求。

- 辨識各品牌之間的相異點與相似點：
    - 相異點(points-of-difference, PODs，也有翻譯為類異點，意思是類別內相異點)：品牌獨特的聯想，品牌與其他品牌相異之處。
        - 相異性：我們品牌比起競爭品牌，多了哪些優點。
        - 也就是品牌與其他競爭品牌不同的地方。
    - 相似點(points-of-parity, POPs，也有翻譯為類同點，意思是類別內相同點)：各品牌間必備的「屬性或利益」，是顧客對於此類別中所有競爭品牌的共同聯想。
        - 相似性：我們品牌與競爭品牌，共有的優點。
        - 也就是品牌與其他競爭品牌相似的地方。

- 品牌箴言(brand mantra)：
    - 一個簡短的幾個字、一句話、或幾句話。
    - 品牌箴言扮演的角色：有效率地溝通這個品牌是什麼。
    - 簡單地寫出品牌競爭對象、與其他品牌的差異點、相似點、以及與品牌有關的所有其他內容，簡要的封裝在一起。
    - 與品牌精髓(brand essence)及核心品牌承諾(core brand promise)相類似。

- 品牌箴言與品牌標語(slogan)不同
    - 品牌標語是廣告內使用的一句話，通常必須便於記憶。

- 建立品牌箴言的重要準則：
    - 溝通：說明品牌獨特之處、事業類別及其品牌的領域。
    - 簡單化：容易記憶，簡短、生動、有意涵。
    - 鼓舞：鏗鏘有力。

10.3 建立品牌定位

- 將自己的品牌,描述為與競爭品牌有同一品類的利益。
  - 與典範品牌比較:將品牌拿來與主要競爭品比較。
  - 形塑品牌與競爭品是同一等級產品的形象。
  - 仰賴產品的描述詞簡潔有力。

- 溝通相似點與相異點:
  - 溝通說明具有相同相似點:與同品類其他品牌,具有相同的相似點。
  - 溝通說明具有相異點優點:就是有優於同品類其他品牌的優點(相異點)。
    - 在相同特性下,卻具有其他優點。
    - 例如:跟其他品牌同樣避震(相似點),但卻更「輕量化」(相異點)。
    - 例如:跟其他品牌一樣高品質(相似點),但卻便宜(相異點)

- 顧客對於市場佔有率的想法:
  - 顧客不一定知道市場占有率狀況,不知道市場最大廠商為誰。
  - 市場占有率(share of market):競爭者在目標市場的市占率,指某品牌產品在某一期間銷售量佔整體市場的百分比(占有率有時也寫做佔有率)。這是市場的實質占有率,但不一定等於心智占有率或心理占有率。
  - 心智占有率(share of mind):顧客回覆在此產業中第一個想到的公司名稱,提及競爭者的比率。
  - 心理占有率(share of heart):顧客回覆偏愛購買產品的公司名稱,提及競爭者的比率。
  - 實質的市場占有率,不一定等於心智占有率、心理占有率。

- 故事敘述式品牌打造(narrative branding and storytelling),發展品牌故事:
  - 情境:時間、地點與背景。
  - 角色:品牌就是一個角色。
  - 故事敘述結構:依時間軸將故事敘述邏輯展開。
  - 語言:聲音、象徵、符號、話題等。

複習題目

( ) 1.建立品牌箴言(brand mantra)的重要準則，何者為非？
(1)品牌箴言的目的是為了溝通品牌。
(2)簡單化原則，品牌箴言愈簡單愈好。
(3)品牌箴言以盡量複雜化為原則。
(4)品牌箴言要能達到聚焦鼓舞。

( ) 2.如何形塑自己的品牌與競爭品是同一等級產品的形象。
(1)強調產品與競爭品不同。
(2)強調產品的相異性。
(3)強調與同品類其他品牌，具有相同的性能(相似點)，但有獨特
優於同品類其他品牌的地方(相異點)。
(4)只要用廣告，強調產品與競爭品是相同的，就可以了。

( ) 3.品牌知覺圖（產品知覺圖)是指什麼？
(1)提供量化性描述，關於消費者對品牌、產品、服務等在不同座
標軸上的知覺與偏好。
(2)一組「屬性或利益」的品牌獨特聯想，且只此一家，無法從其
它競爭者獲得。
(3)通常是幾個字或幾句話，簡單地寫出品牌競爭框架、差異點、
相似點、以及與品牌有關的所有其他內容）封裝在一起。
(4)在一個市場區隔內，針對一組更狹窄定義的顧客群，提供獨特
的利益組合。

( ) 4.定位(positioning)係指成功的創造_____? 以說服目標顧客購買該產
品的理由。
(1)需求鏈。
(2)以顧客為本的價值主張。
(3)以員工為本的價值主張。
(4)價值鏈。

( ) 5.定位(positioning)的主要目標？
(1)在目標消費的腦海中占據某一顯著且重要的位置。
(2)將消費者進行區隔。
(3)發覺現有市場中不同的顧客需求。
(4)協助企業預測競爭對手可能採取之行動以為因應。

( ) 6.競爭者分析，顧客回答較偏愛購買產品的公司名稱，提及某競爭者
的比率係為?
(1)實質市場占有率。
(2)銷售額為基礎的市場占有率。
(3)心理占有率。
(4)成本為基礎的市場占有率。

( ) 7.品牌之間的相異點(points-of-difference, PODs)，指的是什麼？
(1)品牌獨特的聯想，品牌與其他品牌相異之處。

(2)各品牌間必備的「屬性或利益」。

(3)我們品牌與競爭品牌，共有的優點。

(4)是顧客對於此類別中所有競爭品牌的共同聯想。

( ) 8.若兩個品牌(或產品)在產品知覺圖中的位置靠近，則代表何種行銷意義？

(1)從產品規格來看，兩個產品有相似的功能，其餘則不相同。

(2)從定價來看，兩個產品有相似的價位，其餘則完全不相同。

(3)從消費者知覺來看，兩個品牌(或產品)具有高度可替代性。

(4)這是從廠商觀點的論述，廠商認為兩個品牌相同。

( ) 9.相似點(points-of-parity, POPs，也有翻譯為類同點)，指的是什麼？

(1)品牌獨特的聯想，品牌與其他品牌相異之處。

(2)品牌與其他品牌相異之處。

(3)只是狹隘的專注於研發與生產那些自認為優質的產品，而忽略消費者需求。

(4)各品牌間必備的「屬性或利益」，是顧客對於此類別中所有競爭品牌的共同聯想。

( ) 10.什麼是：品牌箴言(brand mantra)？

(1)通常是幾個字或幾句話，簡單地寫出品牌競爭框架、差異點、相似點、以及與品牌有關的所有其他內容）封裝在一起。

(2)強調公司存在的目的，以及公司的主要價值與目標。是策略規劃的第一個步驟。

(3)是指顧客不再只是被動的接受服務，而是具有一些權力。顧客可以分享他們接受服務的經驗，透過散播正面口碑來獎勵公司，或是散播負面口碑來懲罰公司，或者藉由提供意見，來影響企業的服務設計。

(4)是指各品牌間必備的「屬性或利益」，是顧客對於此類別中所有競爭品牌的共同聯想。

( ) 11.詢問顧客時，顧客回答此產業中第一個想到的公司名稱，如此算出來的比率，稱為？

(1)實質市場占有率。

(2)心智占有率。

(3)銷售額為基礎的市場占有率。

(4)成本為基礎的市場占有率。

( ) 12.關於品牌定位與品牌競爭的陳述，以下何者正確？

(1)所有品牌都互相競爭。因此，需把同類別產品內的所有品牌，都納入分析。

(2)需要討論產品與服務功能接近的直接競爭品牌。

(3)只需辨識各品牌之間的相異點，無須在乎品牌之間的相似點。

(4)只需辨識各品牌之間的相似點，無須在乎品牌之間的相異點。

( ) 13.通常是幾個字或幾句話,簡單地寫出品牌競爭框架、差異點、相
似點、以及與品牌有關的所有其他內容)封裝在一起。這是指什
麼?
(1)使命說明書(mission statement)。
(2)品牌箴言(brand mantra)。
(3)產品知覺圖。
(4)SWOT分析。

( ) 14.何者為較合適的健康有機生鮮店的價值主張?
(1)我們提供10%的折扣贈品。
(2)我們迅速拓展市場。
(3)我們是市場的價格領導者。
(4)我們提供高品質、安全的食材。

( ) 15.提供量化性描述,關於消費者對品牌、產品、服務等在不同座標
軸上的知覺與偏好,這是指什麼?
(1)品牌相似點(產品相似點)
(2)品牌知覺圖(產品知覺圖)。
(3)品牌相異點(產品相異點)。
(4)SWOT分析。

( ) 16.某品牌強調「您的健康,我們照顧」,這句話是下列何種概念的
案例?
(1)以顧客為本的價值主張。
(2)以競爭對手為本的價值主張。
(3)品牌與競爭品牌的相似點。
(4)品牌與競爭品牌的知覺定位。

( ) 17.設計企業提供物與形象的過程,旨在目標消費的腦海中占據某一
顯著且重要的位置,將品牌深植於顧客心中,這是指什麼?
(1)產品(product)。
(2)定位(positioning)。
(3)規畫(planning)。
(4)推廣(promotion)。

( ) 18.品牌定位時,強調跟其他品牌同樣防水,但卻透氣。這裡所說的
「與其他品牌一樣防水」,是指什麼?
(1)相似點。
(2)相異點(優勢)。
(3)心理占有率。
(4)產品知覺定位。

( ) 19.一組「屬性或利益」的品牌獨特聯想,且只此一家,無法從其它
競爭者獲得,係為?
(1)各競爭品牌間的相似點(points-of-parity)。
(2)各競爭品牌間的相異點(points-of-difference)。
(3)消費者賦權(consumer empowerment)。

(4)行銷近視症(marketing myopia)。

(　　) 20.品牌定位時，強調跟其他品牌同樣防水，但卻更透氣。「卻更透氣」是指什麼樣的品牌溝通？
    (1)相似點。
    (2)相異點(優勢)。
    (3)心理占有率。
    (4)產品知覺定位。

複習題目解答

1	2	3	4	5	6	7	8	9	10
3	3	1	2	1	3	1	3	4	1
11	12	13	14	15	16	17	18	19	20
2	2	2	4	2	1	2	1	2	2

第十一章 建立品牌權益

公司可以有很多產品，以組成產品線，公司也可以有很多品牌，成為「品牌線」，或是「品牌組合」。本章討論行銷工作者如何幫廠商建立品牌權益。將先討論品牌與商標各代表什麼意思，並針對品牌權益進行介紹，說明如何建立品牌權益與品牌策略[11]。

11.1 品牌與商標

● 美國行銷學會將品牌(brand)定義為：

「一個名稱、術語、識別標誌、符號、圖案、設計、精神象徵，或上述項目的相互組合體，提供消費者用以辨別賣方的產品或服務，並能與競爭者的產品或服務有所區別。」

● 商標(trademark)：

  ○ 品牌是行銷用語，但並非法律上定義的名詞。在法律上，有一個類似的名詞，稱為「商標」。
  ○ 品牌與商標密切相關，但品牌不等於商標。商標是品牌行銷的一個環節，透過商標專利的註冊，以保護品牌及產品經營。

● 商標的法律定義

  ○ 依據商標法第5條的說明：商標之使用，指為行銷之目的，而有下列情形之一，並足以使相關消費者認識其為商標：
      ■ 將商標用於商品或其包裝容器。
      ■ 持有、陳列、販賣、輸出或輸入前款之商品。
      ■ 將商標用於與提供服務有關之物品。
      ■ 將商標用於與商品或服務有關之商業文書或廣告。
      ■ 前項各款情形，以數位影音、電子媒體、網路或其他媒介物方式為之者，亦同。

● 品牌的角色：對消費者與企業而言，品牌呈現多重功能。

  ○ 對消費者而言：

---

[11] 本章重點綱要與考題由吳碧珠老師整理。

99

- 設定消費者期望。品牌與消費者期望有關，消費者對於特定品牌會抱持特定期望。
- 降低消費者風險：
  品牌代表品質，如果某一品牌的品質水準已經被消費者廣泛知悉，則購買該品牌商品，可以降低決策風險的負擔。
- 可簡化購買決策：
  直接選擇某一品牌，簡化決策過程。
- 產生個人意涵：
  品牌的購買，可發展成為消費者自我認定的一部分。每個品牌，有其對應的形象、個性，可與跟個人產生連結。
- 變成自我認定的一部分：
  例如購買某個品牌的產品，可以讓自己感到滿足，肯定自我。某些房地產，將購買房產連結到個人事業成就與尊榮。
- 對企業而言：
  - 簡化產品處理或追蹤。
  - 有助於管理存貨與會計紀錄。
  - 提供公司產品的獨特性，或其他層面上的法律保護。
  - 品牌忠誠度。
  - 取得競爭優勢的有力手段，為企業所創造成無形資產。

- 品牌打造的範疇：
  - 品牌打造(branding)：以品牌來創造產品間差異化。

11.2 品牌權益

- 品牌權益(brand equity)，為學者Kotler and Keller 提出之重點：
  - 權益(equity)在財務管理領域，指的是股本。例如股東權益。
  - 用在品牌，指的是品牌的價值。是品牌賦予產品的價值。
  - 品牌權益是指品牌在消費者心中，賦予產品及服務所帶來的附加價值。
    - 同一個產品，掛上品牌，與沒掛上品牌，在消費者心中的價值差異。
  - 顧客為本的品牌權益(customer-based brand equity)：

- ■ 品牌權益源自消費者反應的差異。
  對於某一品牌，有特別的喜好，此時該品牌具有較高的權益。
- ■ 消費者反應的差異源自消費者的品牌知識(brand knowledge)，包括消費者對該品牌有關的認知、感情、形象、經驗、信念等。
- ■ 品牌權益反映在顧客對品牌行銷有關的活動之知覺、偏好與行為等所有層面上。

● 品牌承諾(brand promise)：
  ○ 行銷人員認為品牌應該是什麼，以及品牌為消費者做了什麼之願景。

● 品牌共鳴模式(brand resonance model)：
  ○ 視品牌打造為從下到上、循序漸進、逐步提升的一系列步驟與進程。
  ○ 確認顧客「認知、識別」品牌的存在，並將它連接到特定產品的種類或需要。
  ○ 將品牌透過連接一些有形與無形的聯想，在消費者心中建立一組品牌「意涵」。
  ○ 引發顧客對品牌感受之「回應」。
  ○ 轉化顧客的品牌回應，成為密切且主動的忠誠「關係」。

● 品牌權益的驅動因子(brand equity drivers)：
  ○ 品牌元素的選擇(如品牌名稱、符號、特徵物、代言人、標語、樂曲、包裝與招牌等)。
  ○ 產品與服務、相關的行銷活動和支援性行銷方案。
  ○ 藉由連接至某些實體(如人、事、地、物)，將這些聯想間接移轉至品牌的身上。

● 設計整體性行銷活動：
  ○ 品牌接觸(brand contact) 即是消費者或潛在顧客，與品牌、產品類別或廠商互動產生資訊的經驗，這些經驗可能是正向的或負向的。
  ○ 整合行銷(integrated marketing)調配運用各種行銷活動，使個別與整體的效果達到最大。
  ○ 槓桿運用輔助聯想：品牌借力使力，透過與消費者記憶的其它資訊連結，傳遞意涵給消費者。

● 品牌稽核(brand audit)：

- 評估品牌的健康狀態、發現品牌權益來源、建議可改善的方式，以及運用其權益的一系列程序，也可說是品牌的健檢。

- 品牌追蹤研究(brand-tracking studies)：
  - 使用品牌稽核的內容，蒐集長期的量化資料，提供有關品牌及行銷方案表現的一致性、基礎性資訊。

- 品牌評價(brand valuation)：
  - 評估品牌的整體財務價值的工程。

- 品牌強化(brand reinforcement)
  - 需要使品牌朝正確的方向持續不斷邁進，提升品牌權益。

- 品牌活化(brand revitalization)
  - 品牌經過多年之後，設法進行活化，賦予新的生命。
  - 品牌活化始於產品，設法了解品牌權益的來源何在，設法了解品牌引發的正面聯想、負向聯想，以決定是否維持相同的定位，或創造一個全新的定位。

11.3 品牌策略

- 品牌線與品牌組合
  - 公司可以有很多產品，組成產品線，公司也可以有很多品牌，成為「品牌線」，或是「品牌組合」。
  - 品牌組合：指公司在某特定產品類或市場區隔中，所提供給購買者所有品牌與品牌線的集合。

- 常見的品牌策略
  - 母品牌(parent brand)，最主要的品牌。
  - 品牌延伸(brand extension)
  - 副品牌(sub-brand, subsidiary brand)
  - 家族品牌(family brand)

- 品牌延伸(brand extension)：
  - 產品線延伸(line extension)：在某一產品品類內進行延伸，如以新口味、形式、顏色，成分等進入市場。
  - 品類延伸(category extension)：以母品牌(parent brand)名稱進入其他不同的產品類別。
  - 品牌延伸的優點：

- - ■ 增加新產品成功的可能性。
    - ■ 正向回饋效果。
  - ○ 品牌延伸的缺點：
    - ■ 品牌稀釋(brand dilution)風險：消費者降低特定的產品聯想到該品牌。品牌延伸到太多類型的產品後，消費者看到特定產品後，變成比較不會聯想到該品牌。
    - ■ 品牌延伸失敗，可能波及母品牌形象
    - ■ 可能失去創造新品牌的機會

- ● 副品牌(sub-brand, subsidiary brand)：也翻譯為子品牌。
  - ○ 通常與母品牌搭配使用。適用於母品牌已有很強的品牌資產，但要進入不同市場，要有不同的訴求重點。此時，讓母品牌和副品牌同時出現，用母品牌光環來幫忙宣傳副品牌，但用副品牌來強調該產品有不同的屬性。
  - ○ 舉例來說，Courtyard by Marriott(萬豪酒店旗下庭園飯店)、Toyota Camry汽車。都是副品牌的例子

  - ○ 副牌：知名品牌所開設的新品牌。也可稱為第二品牌。
  - ○ 中文裡面，「副牌」可以對應到副品牌，或是第二品牌。
  - ○ 此一副牌可能搭配母品牌的名稱，此時就是副品牌。
  - ○ 不搭配母品牌的名稱時，為第二品牌。
    - ■ 例如Miu Miu為時尚精品Prada開設的副牌。從Miu Miu的名稱中，難以知悉這是Prada公司的產品。
    - ■ 副牌可以用來指知名品牌所開設的新品牌，與母品牌有明顯的市場區隔。例如比較便宜，或者針對的族群比較年輕。

- ● 家族品牌(family brand)：一個品牌下有多個品牌。
  - ○ 就好像家庭姓氏一樣，同一個家族內的品牌，都冠有同一個姓氏。

- ● 品牌變體、品牌變異、品牌改版品(英文均為branded variants)：
  - ○ 相同產品，但在不同經銷商或通路商，以不同品牌進行銷售。

- ● 授權產品(licensed product)：
  - ○ 品牌名稱授予實際的產品製造商使用。

- ● 旗艦產品(flagship product)：

- ○ 最能代表其整體品牌形象的產品。
- ○ 常是第一個獲得名聲的品牌產品。
- ○ 常在產品組合內扮演關鍵角色。

● 側翼品牌(flankers brands)：
  - ○ 在原有的產品類別中，建立一個新品牌，在不傷害原有市場佔有率的情況下，瞄準另外一群消費者。
  - ○ 跟中文的副牌，意思有點像。
  - ○ 又稱戰鬥品牌(fighter brands)或者多品牌(multibranding)，主要目的是增加市場占有率。用來與競爭者搶佔市占率。

● 金牛品牌(cash cows)：
  - ○ 銷售量逐漸下降，但仍具有足量的顧客可維繫獲利，且不需要行銷支援。

● 低階入門品牌(low-end entry level)：
  - ○ 品牌組合中，相對低價的品牌，用來吸引顧客上門的利器。

● 高階聲望品牌(high-end entry level)：
  - ○ 目的在於增加整體品牌組合的尊榮感與可信度的品牌。

● 其他品牌結構策略
  - ○ 獨自的家族品牌名稱。
  - ○ 公司傘狀品牌名稱。
  - ○ 「品牌家族」(house of brands)。
  - ○ 「家族品牌」(branded house)。

複習題目解答

( ) 1.以下何者是指行銷人員認為品牌應該是什麼,以及為消費者做了什麼之願景。
(1)品牌打造(branding)。
(2)品牌權益(brand equity)。
(3)品牌承諾(brand promise)。
(4)品牌共鳴模式(brand resonance model)。

( ) 2.以下何者是指品牌在消費者心中,賦予產品及服務的附加價值。
(1)品牌打造(branding)。
(2)品牌權益(brand equity)。
(3)品牌承諾(brand promise)。
(4)品牌共鳴模式(brand resonance model)。

( ) 3.以下何者是指用來評估品牌的健康狀態、發現品牌權益來源、建議可改善的方式,以及運用其品牌權益的一系列程序。
(1)品牌稽核(brand audit)。
(2)品類延伸(category extension)。
(3)品牌承諾(brand promise)。
(4)品牌知識(brand knowledge)。

( ) 4.以下何者包括消費者對該品牌有關的所有想法、感情、形象、經驗、信念等。
(1)品牌打造(branding)。
(2)品牌權益(brand equity)。
(3)品牌承諾(brand promise)。
(4)品牌知識(brand knowledge)。

( ) 5.以下何者是賦予產品或服務一個品牌權力,為創造產品間差異化的方法。
(1)品牌打造(branding)。
(2)品牌稽核(brand audit)。
(3)品牌知識(brand knowledge)。
(4)品類延伸(category extension)。

( ) 6.下列有關品牌結構的敘述何者有「誤」?
(1)Toyota Camry 的品牌名稱中,副品牌是Camry。
(2)利用現有品牌,推出新產品,係為品牌延伸(brand extension)。
(3)品牌組成(brand mix)是所有品牌線的集合。
(4)最能代表其整體品牌形象的產品,稱為授權產品(licensed product)。

( ) 7.旗艦產品(flagship product)或旗艦品牌(flagship brand)的敘述,何者為非?
(1)通常是最能代表其整體品牌形象的產品。
(2)常常也是第一個獲得名聲的品牌的產品。

(3)通常叫好不叫座，不受大眾青睞的產品。

(4)常在品牌組合內扮演關鍵角色。

( ) 8.在原有的產品類別中，建立一個新品牌，在不傷害原有市場佔有率的情況下，瞄準另外一群消費者。這是哪一種品牌？

(1)側翼品牌。

(2)金牛品牌。

(3)入門品牌。

(4)高階聲望品牌。

( ) 9.以下關於品牌的陳述，何者正確？

(1)是一種標準化的過程，期盼在產品、服務間建立一致性，希望各廠商提供的產品具有同質性。

(2)進行市場研究，並向客戶銷售產品或服務的過程。

(3)目的是要與競爭者的產品、服務進行區別。

(4)是一種分析市場優劣勢，比較市場上競爭者的產品、服務的過程。

( ) 10.品牌延伸到太多類型的產品後，消費者看到特定產品後，變成比較不會聯想到該品牌。這是一種什麼樣的風險？

(1)品牌溢價(brand premium)。

(2)品牌稀釋(brand dilution)。

(3)品牌活化 (brand revitalization)。

(4)品牌強化 (Brand strengthening)。

( ) 11.以下何者視品牌打造為從下到上、循序漸進的一系列步驟。從確認顧客辨識品牌，到轉化顧客的品牌回應，成為密切且主動的忠誠關係。

(1)品類延伸(category extension)。

(2)品牌權益(brand equity)。

(3)品牌稽核(brand audit)。

(4)品牌共鳴模式(brand resonance model)。

( ) 12.對消費者而言，品牌呈現多重功能，何者為非。

(1)品牌與消費者期望有關，消費者對於特定品牌會抱持特定期望。

(2)品牌會增加消費者的購買風險。

(3)品牌可簡化購買決策。

(4)品牌的購買，可發展成為消費者自我認定的一部分。

( ) 13.以下何者指使用品牌稽核的內容，蒐集長期的量化資料，提供有關品牌及行銷方案表現如何的一致性、基礎性資訊。

(1)品牌共鳴模式(brand resonance model)。

(2)品牌追蹤研究(brand-tracking studies)。

(3)品牌承諾(brand promise)。

(4)品牌知識(brand knowledge)。

( ) 14.以母品牌(parent brand)名稱進入其他不同的產品類別，此時稱為
什麼？
(1)品類延伸(category extension)。
(2)品牌活化 (brand revitalization)。
(3)品牌變體(branded variants，或翻譯為品牌變異、品牌改版
品)。
(4)品牌組成(brand mix)。

( ) 15.以下關於側翼品牌(flankers brand)的陳述，何者正確？
(1)在原有的產品類別中，建立一個新品牌，在不傷害原有市場佔
有率的情況下，瞄準另外一群消費者。又稱戰鬥品牌(fighter br
ands)或者多品牌(multibranding)，主要目的是增加市場占有
率。用來與競爭者搶佔市占率。
(2)通常是最能代表其整體品牌形象的產品。
(3)通常叫好不叫座，不受大眾青睞的產品。
(4)是以母品牌(parent brand)名稱進入其他不同的產品類別。

( ) 16.品牌銷售量逐漸變小，仍具有足量的顧客獲利，不需要行銷支
援。這是哪一種品牌？
(1)側翼品牌。
(2)金牛品牌。
(3)入門品牌。
(4)高階聲望品牌。

( ) 17.品牌延伸(brand extension)的描述，何者為非？
(1)這是一種常見的品牌策略，每年很多企業推出新產品，都是屬
於品牌延伸。
(2)讓新產品獲得立即的消費者認同與接受。
(3)品牌延伸有可能產生品牌稀釋(brand dilution)，品牌延伸到太
多類型的產品後，消費者看到特定產品後，變成比較不會聯想
到該品牌。
(4)品牌延伸會降低新產品成功的可能性。

( ) 18.對企業而言，品牌呈現多重功能，何者為非。
(1)讓行銷管理變得非常複雜。
(2)提供公司產品的獨特性，或法律保護。
(3)提升品牌忠誠度。
(4)是取得競爭優勢的有力手段。

( ) 19.品牌組合中，用以增加整體品牌組合尊榮感與可信度。這是哪一
種品牌？
(1)側翼品牌。
(2)金牛品牌。
(3)入門品牌。
(4)高階聲望品牌。

(　) 20.品牌組合中相對低價的品牌，用以吸引顧客上門的主要利器。這
是哪一種品牌？
(1)側翼品牌。
(2)金牛品牌。
(3)入門品牌。
(4)高階聲望品牌。

複習題目解答

1	2	3	4	5	6	7	8	9	10
3	2	1	4	1	4	3	1	3	2
11	12	13	14	15	16	17	18	19	20
4	2	2	1	1	2	4	1	4	3

第十二章 成長策略

行銷績效難免面對瓶頸，難以繼續成長，因此繼續成長，便成為重要的行銷課題。本章針對企業如何成長，討論成為市場領導者時，企業可以採行的策略，以及處於市場挑戰者、市場追隨者、市場利基者時，可以採行的策略，並討論產品生命週期與成長之間的關係[12]。

12.1 如何成長

- 企業核心事業的成長，至關重要
  - 自然成長。
  - 進軍其他市場。
  - 提升競爭地位。
  - 強化顧客關係。

- 隨著產業成長而自然成長：
  - 產業自然擴張：產業規模在成長中，伴隨著產業的擴張，銷售額自然成長。

- 進軍其他市場，以獲得成長：
  - 進入國際市場，擴大銷售規模。
  - 建立與政府及非政府組織建立夥伴關係，將市場擴張到非消費者市場。
  - 擴張用途，由消費者市場進軍工業市場，或由工業市場進入消費者市場。

- 提升競爭地位，以獲得成長：
  - 提供創新的產品、服務、體驗。
  - 採取收購、合併、聯盟等方式，提升市占率。
  - 建立強勢品牌，達到銷售成長。
  - 企業以行銷活動，增加市場占有率，達到銷售額成長。

- 強化顧客關係，以獲得成長：
  - 增進購買者荷包佔有率。
  - 提升顧客忠誠，使得銷售額穩定成長。
  - 利用善盡企業社會責任，來建立優異的聲望，使得顧客忠誠，銷售額穩定成長。

---

[12] 本章重點綱要與考題，由吳碧珠老師整理。

12.2 市場領導者可採行的策略

● 身為市場領導者，可採行的競爭策略：
  ○ 擴大整體市場需求。
  ○ 防禦市場占有率。
  ○ 防禦式行銷。
  ○ 擴大市場占有率。

● 擴大整體市場需求：增加市場規模。
  ○ 增加新顧客。
  ○ 原有顧客，但增加使用。鼓勵消費者增加對某項產品的使用次數或使用量。
    ■ 例如：提醒消費者增加使用、更換舊產品。
    ■ 例如：擴大產品使用用途，與其它場景連結使用。
    ■ 例如：鼓勵消費者以全新方式使用。
  ○ 當整體市場擴張時，所有廠商都獲利，但市場領導者通常會獲得最大收益。

● 防禦市場占有率：避免因為未能滿足顧客，而讓顧客投向競爭者的懷抱。
  ○ 回應顧客的需要。
  ○ 預測顧客未來可能的需要。
  ○ 創造顧客的需要。

● 防禦式行銷：在消費者心中最嚮往價值的空間，作到堅不可摧。
  ○ 競爭者不斷的想要挑戰領導者的市場地位。
  ○ 身為領導者，減少或避免競爭者的攻擊。

● 擴大市場占有率：
  ○ 雖然已是領導者，但仍可攻擊競爭者。
  ○ 即使市場規模維持穩定，也可設法增加市場占有率。

● 擴大市場佔有率的成本：
  ○ 透過併購追求高市占率所花費的成本，可能超過營收的價值。因此，企業在追求擴大市占率前，應先考量四項要素：
  ○ 市占率過高時，會引起公平交易委員會注意，因為反獨佔、反壟斷、反托拉斯的考量，而進行干涉的可能性。
  ○ 擴大市場占有率必需考慮的經濟成本。

- 市占率的提高對實際與知覺品質的影響：某些產品，市占率非常高，並非好現象。消費者反而覺得不滿意。
    - 例如服飾產品，大家並不想要穿著相同品牌的產品。

12.3 市場挑戰者、追隨者、利基者可採行的策略

- 身為市場挑戰者，要先界定競爭對手為誰。
    - 攻擊市場領導者。
    - 攻擊同樣地位的競爭者，下列兩種競爭者，較容易被攻擊。
        - 企業營運不佳且財務狀況也不佳者
        - 地方性或區域型的公司。

- 身為市場挑戰者，可以採行的策略：
    - 正面攻擊：直接正面攻擊
    - 側翼攻擊：從比較不重要的側面攻擊
    - 包圍攻擊：每個地方都攻擊
    - 迂迴攻擊：不直接正面攻擊，而是繞著對手攻擊
    - 游擊攻擊：看似沒有規則的攻擊，不讓對手發現規則

- 追隨者在產業內並非主要競爭者。
    - 因為資源有限，常以模仿抄襲為主。
    - 依據模仿抄襲的程度，可以區分為常見的三種跟隨者策略：
        - 抄襲者(cloner)。
        - 模仿者(imitator)。
        - 調適者(adapter)。
    - 仿冒者(counterfeiters)可能違法，但抄襲者(cloner)、模仿者(imitator)、調適者(adapter)是在合法的範圍內，進行模仿抄襲。

- 市場利基者策略：
    - 小型公司透過精算後的利基定位，也能獲利豐碩。
    - 成為特殊領域的專家。

12.4 產品生命週期

- 產品生命週期的核心觀念：
    - 公司的策略，須隨著產品、市場與競爭者的改變而調整。

- 產品生命週期(product life cycle, PLC)的觀念，有助於分析產品的競爭動態性。
  - 主要分成四階段：導入期、成長期、成熟期、衰退期。

- 導入期(introduction)：產品剛推出市場，銷售成長慢，需要較高的推廣費用。
  - 導入期與先驅者優勢：消費者比較會回想起市場先驅者的品牌名字。
  - 導入期與先驅者劣勢：模仿者可以從先驅者的經驗中，創造出超越創新者的案例。
  - 競爭者仍少，可採用基本功能產品進入市場，快速導入新產品。
  - 因為市場規模小，不適合採用廣泛地配銷通路。
  - 競爭較不激烈，可採取成本加成訂價法。

- 成長期(growth)：快速市場接受，可觀的利潤增加。成長期可採用的行銷策略：
  - 增加新產品特色與樣式。
  - 增加新型產品和衍生種類。
  - 進入新的市場區隔。
  - 進入新的通路。
  - 從產品知曉廣告轉為產品偏好廣告。
  - 降低價格，擴大客層。

- 成熟期(maturity)：大部份的目標顧客均已購買，銷售成長緩慢。成熟期可採用的行銷策略：
  - 市場調整：擴張到其他市場。
  - 產品調整：增加各種新產品
  - 行銷方案調整：銷售成長趨緩，因此必須在競爭者中，設法脫穎而出。

- 衰退期(decline)：銷售量與利潤均開始下滑。衰退期可採用的行銷策略：
  - 淘汰弱勢產品：適時的將已沒有利潤的弱勢產品淘汰。
  - 收割與放棄：如果整個市場已無前景，要儘早考慮收割與放棄。

● 對產品生命週期觀的批評：
  ○ 每項產品的生命週期樣態與期間持續長短差異太大：
    ■ 行銷人員很少能指出目前產品確切屬於哪個階段。
  ○ 有可能判斷錯誤：
    ■ 一個產品可能被視為成熟期階段，但事實上是才進入成長期，或者早已停滯。

複習題目

( ) 1.大部份的目標客群已購買,銷售成長緩慢,為了對抗競爭,須增加行銷費用、利潤減少,是產品生命週期的哪一階段?
　　(1)導入期(introduction)。
　　(2)成長期(growth)。
　　(3)成熟期(mature)。
　　(4)衰退期(decline)。

( ) 2.如果想要增加銷售量,鼓勵消費者增加對某項產品的使用次數或使用量的作法,以下何種做法的效果可能不佳?
　　(1)提醒消費者增加使用、更換舊產品。
　　(2)擴大產品使用用途,與其它場景連結使用。
　　(3)強調節約使用。
　　(4)鼓勵消費者以全新方式使用。

( ) 3.下面哪一種策略作法,適合使用於產品生命週期中的成長期?
　　(1)提供基本產品,但加快新產品上市速度。
　　(2)採取滲透訂價,增加市場占有率。
　　(3)採取選擇性配銷,只在特定通路銷售。
　　(4)將重點放在維持死忠顧客。

( ) 4.常以模仿抄襲為主,是市場上的哪一種廠商?
　　(1)領導者。
　　(2)市場利基者。
　　(3)市場挑戰者。
　　(4)市場追隨者。

( ) 5.當整體市場擴張時,市場上的哪一種廠商,通常會獲得最大收益。
　　(1)挑戰者。
　　(2)領導者。
　　(3)追隨著。
　　(4)利基者。

( ) 6.下面哪一種策略作法,適合使用於產品生命週期中的衰退期?
　　(1)提供基本產品,但加快新產品上市速度。
　　(2)採取滲透訂價,增加市場占有率。
　　(3)建立密集式配銷,增加通路的密度。
　　(4)將已無利潤的弱勢產品淘汰。

( ) 7.下面哪一種策略作法,適合使用於產品生命週期中的導入期?
　　(1)提供基本產品,但加快新產品上市速度。
　　(2)降價。
　　(3)增加通路,採取密集式配銷通路。
　　(4)將重點放在與競爭者相抗衡或打擊。

( ) 8.通常會採取減少支出,減少投資,並採收利潤,是產品生命週期的哪一階段?

(1)導入期(introduction)。
(2)推廣期(promotion)。
(3)快速成長期(rapid growth)。
(4)衰退期(decline)。

(　　)9.市場領導者維持其主導地位所採取的作法，何者為非？
(1)推出新產品，建立市場地位。
(2)維持品質，保護現有市場占有率。
(3)採取完全競爭導向，允許競爭者加入市場來競爭。
(4)以行銷手法，嘗試增加市占率。

(　　)10.關於企業在追求擴大市場占有率時，納入考慮的因素，何者正
確？
(1)市占率過高時，會引起公平交易委員會注意，因為反獨佔、反
壟斷、反托拉斯的考量，而進行干涉的可能性。
(2)不管是領導者或追隨者，只要產業繼續成長，各企業的市場占
有率就會提升。
(3)產業若處於衰退期，企業的市場占有率就不可能增加。
(4)將已無利潤的弱勢產品淘汰，可以提升市場占有率。

(　　)11.下面哪一種情況下，企業的銷售額「不會」成長？
(1)產業規模在成長中，伴隨著產業的擴張，銷售額自然成長。
(2)企業以行銷活動，增加市場占有率，達到銷售額成長。
(3)提升顧客忠誠，使得銷售額穩定成長。
(4)產業處於衰退期，且企業的市場占有率沒有增加。

(　　)12.下面哪一種策略作法，適合使用於產品生命週期中的成熟期？
(1)提供基本產品，但加快新產品上市速度。
(2)建立密集式配銷，增加通路的密度。
(3)可以採取成本加成訂價法。
(4)本階段一定要將弱勢產品淘汰。

(　　)13.不在主要市場區隔裡，與其他廠商正面競爭，而是針對特別區
隔，成為特殊領域的專家，這是哪一種策略選項？
(1)市場領導者。
(2)市場挑戰者。
(3)市場利基者。
(4)市場追隨者。

(　　)14.市場跟隨者廣泛採用的策略，何者為非？
(1)抄襲者(cloner)。
(2)模仿者(imitator)。
(3)調適者(adapter)。
(4)新產品開發者(inventor)。

(　　)15.產品剛推出市場，銷售成長慢，高推廣費用，是產品生命週期的
哪一階段？
(1)導入期(introduction)。

(2)成長期(growth)。

(3)成熟期(mature)。

(4)衰退期(decline)。

( ) 16.銷售量與利潤均開始下滑。這是產品生命週期的哪一階段？

(1)導入期(introduction)。

(2)成長期(growth)。

(3)成熟期(mature)。

(4)衰退期(decline)。

( ) 17.產品生命週期觀點的陳述，何者正確？

(1)產品生命週期沒關注到該產品的銷售量的變化。

(2)產品生命週期不能說明產品的導入、成長、成熟、衰退等各期的銷售量變化。

(3)實務上，不易指出目前產品位於產品生命週期的哪個階段。

(4)產品生命週期主張導入期的消費者人數最多，銷售額最高。

( ) 18.下面哪一種方式，可以擴大整體市場需求。

(1)鼓勵消費者增加產品使用次數或使用量。

(2)減少或避免競爭者的攻擊。

(3)攻擊競爭者。

(4)防衛競爭者的攻擊。

( ) 19.下面哪一種情況下，企業的銷售額「不會」成長？

(1)提升顧客忠誠。

(2)進入國際市場，

(3)採取收購、合併、聯盟等方式，提升市占率。

(4)將已無利潤的弱勢產品淘汰。

( ) 20.產品獲得市場快速接受，可觀的利潤增加，是產品生命週期的哪一階段？

(1)導入期(introduction)。

(2)成長期(growth)。

(3)成熟期(mature)。

(4)衰退期(decline)。

複習題目解答

1	2	3	4	5	6	7	8	9	10
3	3	2	4	2	4	1	4	3	1
11	12	13	14	15	16	17	18	19	20
4	2	3	4	1	4	3	1	4	2

第十三章 產品策略

廠商提供的產品，必須滿足消費者需要，才能獲得消費者青睞。本章針對產品策略進行討論，包括產品類別與屬性，並討論產品組合、產品線、產品包裝等項目[13]。

13.1 產品類型與屬性

- 產品或服務，可以滿足消費者需求。

  產品類型：依照產品使用者，可區分為：
  - 消費品：目標顧客主要為消費者。
  - 工業品：購買後用於組織生產、維持運作或再銷售的產品。

- 產品類型：依照購買情境進行分類。
  - 便利品(convenience goods)：經常性購買，且耗費最少心力購買的產品。
  - 選購品(shopping goods)：購買前會先多方比較後才會做決定的產品。
  - 特殊品(specialty goods)：具有獨特特性的產品，消費者會心甘情願花費心思及努力來取得。
  - 冷門品(unsought goods)：消費者不曉得的產品，或者是知道，但不想購買的產品。

- 產品屬性：產品的特徵，可以是產品差異化的來源。包括產品品質、產品設計、產品特色、產品功能等。
  - 產品品質：
    - 包含效能(performance quality)、一致性(conformance quality)(每次購買到的產品品質穩定)、耐用性(durability)(產品壽命長短)、可靠性(reliability)(產品不太會發生故障)。
  - 產品設計：
    - 包含形式(form)(如產品大小)、造型(style)(產品的外型)。
  - 產品功能：
    - 指的是產品的用途。

---

[13] 本章重點綱要與考題由周峰莎老師整理。

- 產品特色(features)：
  - 指的是產品能夠吸引消費者的特殊點。

13.2 產品組合(product mix)

- 產品組合
  - 指的是企業所銷售的不同產品項目與產品線的組合。
  - 企業構思產品組合時，可從寬度、長度、深度以及一致性四個構面考量。

- 產品組合長度(length)：所生產或銷售之產品項目的總數。
  - 某公司總共在市面上提供2種口味的牙膏以及2種香氣的香皂，總共有4種產品項目。

- 產品組合寬度(width)：不同產品線的數量。
  - 例如牙膏、香皂、紙類產品、衣物洗劑，屬於不同產品，因此，屬於產品線寬度。

- 產品組合深度(depth)：產品線中每個產品的版本數。
  - 例如鮮奶，提供全脂、脫脂、脫脂加鈣三種口味，以及2720 ml、1857 ml、936 ml、290 ml、195 ml等不同容量的鮮奶。
  - 洗衣粉有2種香氣，以及2種添加物，共有4種版本的洗衣粉。

- 產品組合一致性(consistency)：不同產品線在最終用途、行銷通路或其他方面的相關程度。
  - 例如：某公司所有的產品線都是屬於衣物清潔用品，這些產品線都是採用相同的配銷通路以及面對相似的顧客。

- 產品地圖
  - 企業可以利用產品地圖(product map)進行產品線分析。
  - 功用：找出與企業正面競爭的競爭產品、確認市場區隔、發現新產品的可能定位。

- 產品組合訂價(product mix pricing)：
  - 產品線訂價(product line pricing)：企業提供多個不同等級的系列產品，各系列產品的品質等級不同，且針對的市場不同，每一個系列會有不同的訂價區段。

- ○ 選購品訂價(optional product pricing)：除了主要產品之外，附屬的選購品定價，也必須納入考慮。
- ○ 專屬產品訂價(captive product pricing)：必須與主要產品搭配才能使用的產品，稱為專屬產品。此法通常會將主產品價格訂低、專屬產品價格訂高。
- ○ 兩階段訂價(two-part pricing)：將產品售價為固定費用加上變動費用。
- ○ 副產品訂價(by-product pricing)：主產品處理過程通常會有副產品，如豬骨頭。副產品的訂價若使主產品的價格更具競爭力，稱為副產品定價法。通過使用此種訂價，為這些副產品找到市場，以幫助抵消其處置成本，並使主要產品的價格更具競爭力。
  - ■ 例如：當企業將魚肉切分完畢到市場上進行販售，將剩下的魚頭以及魚骨製造成湯底進行販售。湯底的收入可以讓企業把魚肉的價格訂得更低，請問這是哪種產品組合訂價法？
- ○ 配套訂價(bundling pricing)：企業合併幾種產品，並將此產品套裝以折扣價格進行販售。
  - ■ 例如：早餐搭配飲料，成為套餐，稍微便宜一點點。
  - ■ 例如：某售票網將三部電影湊成情人節套票進行販售，價格比消費者個別看三場電影的總金額便宜。

13.3 產品線(product line)

- ● 產品線指的是特定企業生產的一組相關的產品。
  - ○ 這組產品可能有類似的功能、目標顧客、生產程序、配銷通路或甚至是價格類似。

- ● 企業建立產品線的目標：
  - ○ 促進向上銷售(up selling)：鼓勵顧客購買比他們感興趣的商品還要更高端的同類產品。
    - ■ 例如：經由店員推薦後，本來想買小份雞塊的顧客改成買大份雞塊。
  - ○ 促進交叉銷售(cross selling)：邀請顧客購買其他類型的產品，這些產品與顧客原始購買產品的具相關性或互補性。
    - ■ 例如：買完正餐後，店員詢問是否要順便購買甜點。

- ● 產品線決策：

- 指的是企業從現有產品線添加產品(或刪除產品)的相關決策。
- 產品線決策可分為三種，包含：
  - 產品線延伸。可分為三種延伸方式
    $\Rightarrow$ 向上延伸
    $\Rightarrow$ 向下延伸
    $\Rightarrow$ 雙向延伸
  - 產品線填補。
  - 產品線刪減。

- 向上延伸(upward stretching)：

  增加比現有產品高價的新產品，到產品線中，以進入到高階市場。
  - 企業向上延伸的原因：可以提升企業的聲譽、獲得更高的成長率以及利潤率。
  - 例如：平價手錶品牌廠商，開始推出高價手錶款式。

- 向下延伸(downward stretching)：

  增加比現有產品低價的新產品到產品線中，以進入到低階市場。
  - 企業向下延伸的原因：可以牽制競爭者、目前市場成長停滯、發現低階市場的成長機會、擴大市場占有率。
  - 例如：平價手錶品牌廠商，開始推出低價手錶款式。

- 雙向延伸(two way stretching)：

  在產品線中同時增加高價與低價的新產品。
  - 例如：當企業集團原本經營中階商務旅館，積極拓展事業版圖時，該集團同時新推出五星級飯店，以及新推出平價旅館。

- 產品線填補(line filling)：
  - 在現有產品線範圍內增加更多產品項目。此種方法會讓企業的產品線更加全面與完整。

- 產品線刪減(line pruning)：
  - 將產品線上無利可圖的產品刪除。

13.4 產品包裝

● 產品包裝：
  ○ 指的是產品外部的保護層或容器。
  ○ 包裝是消費者接觸產品的第一印象。

● 包裝包含三種層次：
  ○ 初級包裝：直接與產品內容物接觸的包裝。
    ■ 例如：牙膏軟管。
  ○ 二級包裝：初級包裝外的第二層包裝(外包裝)。
    ■ 例如：牙膏紙盒。
  ○ 運送包裝：運送產品時需要的包裝。
    ■ 例如：可裝載100條牙膏的瓦楞紙箱。

● 包裝的功用：
  ○ 保護產品。
  ○ 辨識與傳達產品資訊。
  ○ 有助於推銷產品。
  ○ 易於運送、儲存與使用。
  ○ 標籤：記載產品的相關資訊。

● 包裝減量、包裝材料環保。
  ○ 包裝層數不是愈多愈好。
  ○ 必須考慮環保，重視環境永續。
  ○ 有些時候，環保團體會針對產品包裝進行要求。
  ○ 消費者也不一定喜歡多重包裝。

● 有些產品，對於包裝上的產品標示，有特定規範。
  ○ 例如：生產日期與保存期限，必須依據法規進行標示。
  ○ 例如：某些產品，可能規定必須用本國語言標示。

複習題目

( ) 1.請問下列哪種訂價法屬於固定費用加上變動費用?
(1)選購品訂價。
(2)兩階段訂價。
(3)副產品訂價。
(4)配套訂價。

( ) 2.當企業將魚肉切分完畢到市場上進行販售,將剩下的魚頭以及魚骨
製造成湯底進行販售。湯底的收入可以讓企業把魚肉的價格訂得更
低,請問這是哪種產品組合訂價法?
(1)專屬產品訂價。
(2)選購品訂價。
(3)兩階段訂價。
(4)副產品訂價。

( ) 3.幫你在手機行買完手機之後,店員推銷你一起購買手機殼以及保護
貼,請問這是哪種銷售?
(1)兩階段訂價。
(2)交叉銷售。
(3)副產品訂價。
(4)產品線刪減。

( ) 4.請問哪種產品購買後用於組織生產、維持運作或再銷售?
(1)選購品。
(2)便利品。
(3)工業品。
(4)消費品。

( ) 5.某公司總共在市面上提供2種口味的牙膏以及2種香氣的香皂,總共
有4種產品項目,請問這代表著某公司產品組合的什麼?
(1)長度。
(2)寬度。
(3)深度。
(4)一致性。

( ) 6.當企業集團原本經營中階商務旅館,積極拓展事業版圖時,該集團
同時新推出五星級飯店,以及新推出平價旅館,代表該集團可能採
取哪種產品線延伸?
(1)向上延伸。
(2)向下延伸。
(3)產品線刪減。
(4)雙向延伸。

( ) 7.下列關於產品屬性的敘述何者是「錯誤」的?
(1)產品屬性可以是產品差異化的來源。
(2)產品屬性指的是產品的特徵。

(3)產品品質不屬於產品屬性。

(4)產品功能屬於產品屬性。

( ) 8.當咖啡品牌在檢視完每個產品的利潤後,決定停售無利可圖的產
品,請問這是哪種產品線決策?
(1)產品線填補。
(2)向下延伸。
(3)專屬產品訂價。
(4)產品線刪減。

( ) 9.具有獨特特性的產品,消費者會心甘情願花費心思及努力來取得。
這是指哪一種產品?
(1)便利品(convenience goods)。
(2)選購品(shopping goods)。
(3)特殊品(specialty goods)。
(4)冷門品(unsought goods)。

( ) 10.可更換刀片的刮鬍刀,通常要搭配特定的刀片,其他品牌的刀片
無法使用。這些刮鬍刀片的訂價,屬於哪種產品組合訂價?
(1)專屬產品訂價。
(2)選購品訂價。
(3)兩階段訂價。
(4)副產品訂價。

( ) 11.某售票網將三部電影湊成情人節套票進行販售,價格比消費者個
別看三場電影的總金額便宜,請問這是哪種產品組合訂價法?
(1)選購品訂價。
(2)兩階段訂價。
(3)副產品訂價。
(4)配套訂價。

( ) 12.家具、服飾屬於哪種產品?
(1)便利品(convenience goods)。
(2)選購品(shopping goods)。
(3)特殊品(specialty goods)。
(4)冷門品(unsought goods)。

( ) 13.購買前會先多方比較後才會做決定的產品。這是指哪一種產品?
(1)便利品(convenience goods)。
(2)選購品(shopping goods)。
(3)特殊品(specialty goods)。
(4)冷門品(unsought goods)。

( ) 14.某公司擁有牙膏、香皂、紙類產品、衣物洗劑四種產品線,請問
這四種產品線代表著某公司產品組合的什麼?
(1)長度。
(2)寬度。
(3)深度。

(4)一致性。

( ) 15.請問下列關於產品包裝的例子，何者正確?
(1)牙膏軟管是初級包裝。
(2)單隻牙膏的紙盒，是運送包裝。
(3)裝著化妝品的禮盒，是初級包裝。
(4)可裝載100條牙膏的瓦楞紙箱，是初級包裝。

( ) 16.經常性購買，且耗費最少心力購買的產品。這是指哪一種產品?
(1)便利品(convenience goods)。
(2)選購品(shopping goods)。
(3)特殊品(specialty goods)。
(4)冷門品(unsought goods)。

( ) 17.某公司所有的產品線都是屬於衣物清潔用品，這些產品線都是採
用相同的配銷通路以及面對相似的顧客。請問這代表著某公司產品
組合具有高度的什麼?
(1)長度。
(2)寬度。
(3)深度。
(4)一致性。

( ) 18.衛生紙、肥皂等日常用品屬於哪種產品?
(1)便利品(convenience goods)。
(2)選購品(shopping goods)。
(3)特殊品(specialty goods)。
(4)冷門品(unsought goods)。

( ) 19.電話費如果不是吃到飽的固定費率，而是每個月都有基本月費，
但是超過基本通話費或超過基本數據流量的部分，要加收費用，請
問這是哪種產品組合訂價法?
(1)專屬產品訂價。
(2)選購品訂價。
(3)兩階段訂價。
(4)副產品訂價。

( ) 20.請問下列有關於包裝的敘述，何者有誤?
(1)包裝是消費者和產品的第一次接觸。
(2)運送包裝是運送產品時會用到的包裝。
(3)包裝愈多愈好，不用考慮環保。
(4)包裝有助於推銷產品。

複習題目解答

1	2	3	4	5	6	7	8	9	10
2	4	2	3	1	4	3	4	3	1
11	12	13	14	15	16	17	18	19	20
4	2	2	2	1	1	4	1	3	3

第十四章 服務策略

4P中的產品，包含了實體產品，以及服務。服務可以單獨存在，也可以與產品並存，或者是產品所附帶的服務。本章討論服務的範圍、服務的特性，並討論服務業的顧客關係管理，以及服務品質，服務的相關科技，也在本章進行討論。產品的售後服務，是一種主要的服務，在本章中也一併討論[14]。

14.1 服務的範圍

● 4P中的Product產品策略，所指的產品，
  ○ 可能包括有形實體商品，或者是服務。
  ○ 服務包含很多的範圍，包括
    ■ 與實體商品搭配存在的服務，
    ■ 以及不與實體商品搭配的服務，
    ■ 以及在網路線上提供的服務。
  ○ 服務可能需要搭配產品、現場設備、人員。

● 服務與產品的搭配態樣，包括：
  ○ 實體商品販賣銷售服務。例如零售服務業。
  ○ 附加於實體商品的服務。例如維修服務業。
  ○ 實體商品與服務同時提供。例如現場用餐的餐飲業。
  ○ 純粹服務。例如飯店業。
  ○ 線上服務。例如線上影音服務。

● 服務品質有時難以評估。
  ○ 可以標準化的服務，較易評估品質。
  ○ 與實體產品高度搭配的服務，較易控制品質。

14.2 服務的特性

● 服務異於產品的主要特性：
  ○ 無形性(intangibility)、不可分割性(inseparability)、變化性(variability)、易逝性(perishability)。

---

[14] 本章重點綱要與考題由汪志堅特聘教授整理。

- 可以藉由改善無形性、不可分割性、變化性、易逝性，來提升服務品質穩定度。
  - 服務的差異化：與眾不同的服務，可以產生不同的市場定位。

- 無形性：購買之前，無法看到結果。
  - 例如：醫療服務。
  - 消費者可能有預期結果，但無法確定結果。

- 不可分割性：服務提供與服務消費，是同時存在的，不可分割的。
  - 例如：理髮服務、美容服務。
  - 服務過程將長，人員互動會影響品質。
  - 消費者必須出現在現場，場地品質會影響服務品質。

- 變化性：
  - 例如：法律服務。
  - 由於消費者的個案狀況、服務提供者的不同、提供服務時間的不同、提供服務地點的不同，使得服務無法每次都相同，具有高度的變化性。

- 易逝性：
  - 例如：航空服務。
  - 需求起伏成為重要課題。多餘的服務產能無法被儲存。不足的服務產能無法被現場短時間內增加。

14.3 服務業的顧客關係管理

- 服務業的顧客關係管理為什麼重要？
  - 因為服務的無形化，消費者進行服務有關的購買決策時，仰賴他人的經驗。因此，服務提供的過程中，更需要重視顧客關係管理。

- 顧客賦權(customer empowerment)：
  - 顧客不再只是被動的接受服務，而是具有一些權力。
  - 顧客可以分享他們接受服務的經驗，透過散播正面口碑來獎勵公司，或是散播負面口碑來懲罰公司，或者藉由提供意見，來影響企業的服務設計。

- 員工態度會影響滿意度。

- 員工是服務的提供者。服務的好壞與員工態度息息相關。
- 增進員工的工作滿意，會影響員工的態度，進一步影響服務品質。
- 可以藉由訓練與激勵員工，來提供更好的顧客服務。

14.4 服務品質

● 服務品質的評估，取決於消費者對於服務的期望。
- 期望落差：顧客知覺的實際服務水準，與期望得到的服務水準，會影響到顧客知覺到的服務品質。
- 廣告宣傳與溝通，會影響到消費者的期望。
  - 宣傳時，不強調服務的水準，消費者不會產生消費該服務的意願。
  - 宣傳時，強調該服務的水準，消費者對於服務產生期望。如果該期望超過實質的服務水準，會讓消費者產生期望落差。
  - 對於服務水準的描述，過與不及皆有缺點。不應過度吹噓。

● 服務品質的構面。
- 可靠度(reliability)：每次都提供準時地、一致地、無失誤地相同品質服務。
- 反應性(responsiveness)：快速提供服務，減少顧客等待。
- 確實性(assurance)：員工具有的知識、禮貌，傳達出自信且令人信賴。
- 同理心(empathy)：關懷與重視顧客，了解顧客的需要。
- 有形性(tangibles)：實際場地、設備、人員、溝通內容的呈現。

14.5 服務科技

● 藉由自動化科技，來協助服務。
- 例如：自動販賣機、自助加油、自動提供機、自動點餐機、飯店自動退房服務、網路購票。
- 可以設法設計，讓科技與人性並存，保存人性關懷的服務，但利用自動化科技來加強服務。

● 自動化科技的優點：
- 延長營業時間，24小時服務，並擴增服務據點。
- 減少服務人員，降低人事成本。

- 提高尖峰產能，減少顧客等待。
- 提供顧客的自主性。

● 自動化科技的缺點：
- 較少有客製化的機會。
- 自動化科技仍能設法提高客製化的可能，只是有可能讓系統過於複雜。
- 若自動化科技無法客製化，此時可以透過人員協助的方式提供客製化。

14.6 產品售後服務

● 產品售後服務
- 產品售後服務會影響對於產品的評價。
- 產品品質仍是重要重點，但產品支援服務可以提昇產品品質知覺。

● 產品支援服務包括：
- 產生使用的訓練：教導告知如何使用產品。
- 產品更新服務：針對已售出產品，進行功能提升，或是產品瑕疵進行改善。
- 例行的保養服務：適用於產品必須例行維護，才能維持相同的品質。
- 產品故障的維修：發生於產品功能未能達到原本品質，需要加以修理。
- 廢棄產品的回收：回收產品以進行資源回收，或避免廢棄產品造成環境污染。

● 消費者關心的產品維修議題：
- 故障發生的頻率。
- 待修的時間。
- 修理的成本。
- 修理地點的方便性。

● 售後服務本身可以是個產業。
- 例如汽車維修業。

複習題目

( ) 1.售後服務本身是否可以是個獨立產業？
　　(1)可以。例如汽車維修業就是獨立產業。
　　(2)不行。任何維修業都必須依附原廠存在。
　　(3)不行。任何維修業都是原廠所設置，否則無法取得授權。
　　(4)不行。維修業基本上是一種成本，無利可圖。

( ) 2.請問員工的工作滿意度與服務品質的關係？
　　(1)基本上無關。服務品質取決於消費者的認知。員工滿意取決於工作環境。
　　(2)基本上是負相關的。薪水愈高，工作滿意度愈高，但因為薪資成本提升，因此服務滿意度降低。
　　(3)基本上是無關的。一個屬於人力資源部門的工作，一個屬於行銷部門的工作。
　　(4)基本上是正相關的。員工是服務的提供者，服務的好壞與員工態度息息相關。員工態度好時，服務品質高。

( ) 3.產品售後服務與產品評價的關係為何？
　　(1)產品品質不是重點，產品支援服務才是產品品質知覺的關鍵。
　　(2)產品售後服務是獨立的，不會影響對於產品的評價。
　　(3)需要售後服務，就一定是低品質的象徵。
　　(4)產品售後服務會影響對於產品的評價，但產品品質仍是重要的重點。

( ) 4.廣告宣傳與溝通，對於消費者期望的營造，下面陳述何者正確？
　　(1)宣傳服務，需要適度，不能過度宣傳，也不能完全不強調服務的水準。
　　(2)宣傳再誇大都沒關係。消費者的實質滿意度，不會受先前宣傳所影響。
　　(3)對於服務水準的描述愈高愈好。將來消費者會愈滿意。
　　(4)對於服務水準的描述，愈低愈好。消費者並不會因此而不來消費。

( ) 5.通常，我們所說的產品支援服務，不包括以下何者？
　　(1)產生使用的訓練：教導告知如何使用產品。
　　(2)產品更新服務：針對已售出產品，進行功能提升，或是產品瑕疵進行改善。
　　(3)例行的保養服務：適用於產品必須例行維護，才能維持相同的品質。
　　(4)銷售全新產品：在通路銷售全新的產品。

( ) 6.以下何者不屬於服務所包含的範圍？
　　(1)純粹服務。例如飯店業。
　　(2)線上服務。例如線上影音服務。
　　(3)實體商品與服務同時提供，提供現場用餐的餐飲業。
　　(4)生產線生產產品，且不負責出廠後的後續工作。

（　　）7.訓練與激勵員工，是否可以提供更好的顧客服務。
　　　　(1)基本上不行。服務品質取決於消費者的認知。訓練與激勵員
　　　　　工，只能提升工作滿意度，與服務品質無關。
　　　　(2)基本上是不行。訓練愈多、激勵愈多，因為薪資成本提升，一
　　　　　定會造成價格提升，因此服務滿意度降低。
　　　　(3)基本上是不行的。一個屬於人力資源部門的工作，一個屬於行
　　　　　銷部門的工作。
　　　　(4)基本上是可以的。員工是服務的提供者，服務的好壞與員工態
　　　　　度息息相關。訓練與激勵員工，可以讓員工更熟練準確的用更
　　　　　好的態度來提供服務，服務品質自然提高。

（　　）8.實際場地、設備、人員、溝通內容的呈現。這是指服務品質的哪一
　　　　種構面？
　　　　(1)可靠度(reliability)。
　　　　(2)反應性(responsiveness)。
　　　　(3)確實性(assurance)。
　　　　(4)有形性(tangibles)。

（　　）9.由於消費者的個案狀況、服務提供者的不同、提供服務時間的不
　　　　同、提供服務地點的不同，使得服務無法每次都相同。這是指服務
　　　　的哪一種特性？
　　　　(1)利他性(altruistic)。
　　　　(2)不可分割性(inseparability)。
　　　　(3)變化性(variability)。
　　　　(4)無形性(intangibility)。

（　　）10.請問什麼是：顧客賦權(customer empowerment)？
　　　　(1)顧客不再只是被動的接受服務，而是具有一些權力。顧客可以
　　　　　分享他們接受服務的經驗，透過散播正面口碑來獎勵公司，或
　　　　　是散播負面口碑來懲罰公司，或者藉由提供意見，來影響企業
　　　　　的服務設計。
　　　　(2)顧客享有決定產品價格、購買產品數量、購買時間、購買地點
　　　　　的權利。
　　　　(3)顧客享有消費者保護法所保障的權利。
　　　　(4)顧客享有購買後7天無條件退貨的權利。

（　　）11.什麼是服務品質的期望落差？
　　　　(1)顧客知覺的實際服務水準，與期望得到的服務水準，會影響到
　　　　　顧客知覺到的服務品質。
　　　　(2)低的服務品質，就是期望落差。與先前對於服務的評估無關。
　　　　(3)只要實際的服務水準高，不管先前的期望有多高，都不會有期
　　　　　望落差。
　　　　(4)可以充分解釋為什麼高品質服務就一定不會有抱怨。低品質服
　　　　　務就會有抱怨。消費者的期望，並不影響顧客的抱怨。

（　　）12.服務與科技的關係，何者較為正確？
　　　　(1)科技是高端技術，但服務是人力密集。兩者完全無關。

(2)可以藉由自動化科技，來協助服務。

(3)自動化科技與服務是無法並存的，只會讓服務業消失。

(4)有科技的地方，就是服務要減少的地方。

( ) 13.服務異於產品的主要特性，不包括哪項？

(1)利他性(altruistic)。

(2)不可分割性(inseparability)。

(3)變化性(variability)。

(4)無形性(intangibility)。

( ) 14.每次都提供準時地、一致地、無失誤地相同品質服務。這是指服務品質的哪一種構面？

(1)可靠度(reliability)。

(2)反應性(responsiveness)。

(3)確實性(assurance)。

(4)同理心(empathy)。

( ) 15.服務包含範圍很多，但以下何者不屬於服務所包含的範圍？

(1)提供與實體商品搭配存在的服務。

(2)提供單獨存在的服務，且不與實體商品搭配。

(3)在網路線上提供的服務。

(4)單純的生產產品，且完全不涉及產品生產後的後續銷售與後續支援。

( ) 16.航空公司的座位空下來，沒被坐滿，就浪費掉了。這是指服務的哪一種特性所致？

(1)利他性(altruistic)。

(2)易逝性(perishability)。

(3)變化性(variability)。

(4)無形性(intangibility)。

( ) 17.購買之前，無法看到結果。這是指服務的哪一種特性？

(1)利他性(altruistic)。

(2)不可分割性(inseparability)。

(3)變化性(variability)。

(4)無形性(intangibility)。

( ) 18.關懷與重視顧客，了解顧客的需要。這是指服務品質的哪一種構面？

(1)可靠度(reliability)。

(2)反應性(responsiveness)。

(3)確實性(assurance)。

(4)同理心(empathy)。

( ) 19.服務品質的評估，與消費者對服務期望的關係為何？

(1)基本上無關。因為服務品質是一種絕對值。

(2)基本上是正相關。只要期望愈高，服務品質知覺就會愈高。

(3)有關係。取決於消費者對於服務的期望。達到期望時，就會覺得具有高度服務品質。

(4)基本上是獨立構面。評估服務品質時，是客觀的，與先前期望沒有關係。

( ) 20.快速提供服務，減少顧客等待。這是指服務品質的哪一種構面？
    (1)可靠度(reliability)。
    (2)反應性(responsiveness)。
    (3)確實性(assurance)。
    (4)同理心(empathy)。

複習題目解答

1	2	3	4	5	6	7	8	9	10
1	4	4	1	4	4	4	4	3	1
11	12	13	14	15	16	17	18	19	20
1	2	1	1	4	2	4	4	3	2

第十五章 新產品策略

原有產品可能會達到銷售的瓶頸,適當的開發新產品,是企業維持業績,或者獲取業績成長的觀念。本章將先討論開發新產品以配合行銷策略,之後討論新產品發展的程序,包括新產品的發展、新產品的推出、新產品的採納,以及新產品的擴散[15]。

15.1 開發新產品以配合行銷策略

● 為什麼要開發新產品?
   ○ 現有產品不足以配合行銷策略時,必須開發新產品。
   ○ 行銷與營收的擴張,基本方向包括:
     (1)原有產品的銷售擴張。
     (2)推出新產品。
     (3)進入新市場。

● 不同程度的新產品:
   ○ 漸進式創新(incremental innovation):現有產品的改進或改版。
   ○ 跳躍式創新(radical innovation):重大的產品改良。
   ○ 破壞式創新(disruptive innovation):徹底顛覆舊有產品。

● 對誰來說是新產品?
   ○ 市場上從未出現的產品。
   ○ 競爭者有類似產品,但公司以前未推出該產品。

● 市場缺口分析:確認市場是否可以容納此項新產品。
   ○ 確認現有競爭產品的狀態:了解是否存有新產品生存的空間。
   ○ 確認消費者未被滿足需求:了解新產品是否有市場利基。

15.2 新產品的發展

● 新產品的屬性分析:
   ○ 特徵(feature):外型、觸感、材質、尺寸、顏色之類的各種特徵。
   ○ 功能(function):新產品運作的原理與用途。

---

[15] 本章重點綱要與考題由汪志堅特聘教授整理。

- 利益(benefit)：新產品為消費者帶來的利益。

● 新產品開發的程序：
- 產生構想。
- 篩選構想。
- 概念發展與測試。
- 發展行銷策略。
- 商業分析。
- 產品發展。
- 市場測試。
- 商品化。

● 新產品的測試：實體雛形發展後，可以進行測試。
- alpha測試：針對企業內部人員進行的測試。
- beta測試：針對少部分忠誠顧客所進行的測試。
- 小規模試銷售：針對部分市場進行試銷售。
- 新產品推廣促銷：以各種價格促銷，進行推廣試銷售。

15.3 新產品的推出

● 新產品上市的決策：
- when何時上市：
  - 市場先驅：領先競爭者，成為率先上市者，必須負責教導消費者，但可以搶佔市場地位。
  - 同步上市：與競爭者幾乎同時上市，無法取得商機，但可降低推廣成本。
  - 延後上市：可以避免市場先驅的可能錯誤，但容易喪失市場地位。
- where地理策略：在哪些地區上市。
- who市場區隔：針對哪些市場區隔進行銷售。
- how導入策略：如何推廣新產品。

● 新產品失敗的可能原因：
- 外部環境限制：法規、社會、經濟層面的限制。
- 內部資源不足：組織未投入足夠的人力、物力。
- 銷售營收不足：消費市場規模不足。
- 生命週期過短：無法回收足夠的營收。
- 研發成本過高：產品成本過高。
- 研發時間過慢：落後其他競爭者，喪失先機。
- 上市時機不當：當時市場環境未能配合。

15.4 消費者的採納

● 消費者採納程序的階段
  ○ 知曉(awareness)
  ○ 興趣(interest)
  ○ 評估(evaluation)
  ○ 試用(trial)
  ○ 採納(adoption)

● 影響消費者採納新產品的因素
  ○ 相對優勢(relative advantage)：相對於原有產品，新產品具有的特性，有哪些相對優勢。
  ○ 相容性(compatibility)：新產品與原有產品的並存可能性，也就是相容性。
  ○ 複雜性(complexity)：新產品的使用是否過於困難。
  ○ 可分割性(divisibility)：新產品是否可以小規模購買或取得，以進行試用。
  ○ 可溝通性(communicability)：能否輕易地跟消費者溝通說明新產品的優點。

15.5 新產品的擴散

● 以採用新產品的時間為基礎，可將消費者區分為不同的區隔。
  ○ 創新者(innovators)。
  ○ 早期採用者(early adopters)。
  ○ 早期大眾(early majority)。
  ○ 晚期大眾(late majority)。
  ○ 落後者(laggards)。

複習題目

( ) 1.創新者(innovators)、早期採用者(early adopters)、早期大眾(early majority)、晚期大眾(late majority)、落後者(laggards)。這是指什麼？
(1)以採用新產品的時間為基礎將消費者區分為不同的區隔。
(2)影響消費者採納新產品的因素。
(3)新產品開發的程序。
(4)消費者的人格特質。

( ) 2.下面何者「較不常」被認為是新產品失敗的可能原因。
(1)外部環境限制：法規、社會、經濟層面的限制。
(2)內部資源不足：組織未投入足夠的人力、物力。
(3)上市時機不當：當時市場環境未能配合。
(4)消費者保護：顧客享有購買後7天無條件退貨的權利。

( ) 3.徹底顛覆舊有產品。指的是哪一種創新？
(1)漸進性創新(incremental innovation)。
(2)非技術創新(non-technique innovation)。
(3)破壞式創新(disruptive innovation)。
(4)行銷創新(marketing innovation)。

( ) 4.為什麼要開發新產品？
(1)現有產品不足以配合行銷策略時，必須開發新產品。
(2)讓研發部門有點事情做。
(3)避免行銷部門沒事做。
(4)每年一定要有新產品，才不會被市場淘汰。

( ) 5.相對優勢(relative advantage)、相容性(compatibility)、複雜性(complexity)、可分割性(divisibility)、可溝通性(communicability)，這是指什麼？
(1)影響消費者採納新產品的因素。
(2)新產品開發的程序。
(3)消費者採納程序的階段。
(4)服務品質的影響因素。

( ) 6.競爭者有類似產品，但公司以前未推出該產品。是否為新產品？
(1)是的，對於公司來說是新產品。
(2)是的，對於市場來說是新產品。
(3)不是。只要有人推出過，就不是新產品。
(4)不是。只要曾有類似構想，就不能算是新產品。

( ) 7.新產品上市時機的決策中，選擇「延後上市」時機，有可能有什麼缺點與優點？
(1)必須負責教導消費者，但可以搶佔市場地位。
(2)無法取得商機，但可降低推廣成本。
(3)可以避免市場先驅的可能錯誤，但容易喪失市場地位。
(4)可以搶佔市場商機。但有可能犯下很多市場錯誤。

(　　) 8.新產品上市時機的決策中，選擇擔任「市場先驅」，有可能有什麼缺點與優點？
　　　　(1)必須負責教導消費者，但可以搶佔市場地位。
　　　　(2)無法取得商機，但可降低推廣成本。
　　　　(3)可以避免市場先驅的可能錯誤，但容易喪失市場地位。
　　　　(4)無法引發市場注意。

(　　) 9.產生構想-->篩選構想-->概念發展與測試-->發展行銷策略-->商業分析-->商業分析-->產品發展-->市場測試-->商品化。這是指什麼程序？
　　　　(1)新產品開發的程序。
　　　　(2)行銷研究程序。
　　　　(3)論文撰寫程序。
　　　　(4)消費者採納程序的階段。

(　　) 10.新產品發展階段中，針對企業內部人員進行的測試。這是指哪一種測試？
　　　　(1)alpha測試。
　　　　(2)beta測試。
　　　　(3)小規模試銷售。
　　　　(4)新產品推廣促銷。

(　　) 11.影響消費者採納新產品的因素中，相對於原有產品，新產品具有的特性。這是指什麼？
　　　　(1)相對優勢(relative advantage)。
　　　　(2)相容性(compatibility)。
　　　　(3)複雜性(complexity)。
　　　　(4)可分割性(divisibility)。

(　　) 12.新產品發展階段中，以各種價格促銷，進行推廣試銷售。這是指哪一種測試？
　　　　(1)alpha測試。
　　　　(2)beta測試。
　　　　(3)小規模試銷售。
　　　　(4)新產品推廣促銷。

(　　) 13.下面哪一種產品的創新程度最高？
　　　　(1)漸進性創新(incremental innovation)。
　　　　(2)非技術創新(non-technique innovation)。
　　　　(3)破壞式創新(disruptive innovation)。
　　　　(4)產品規格調整。

(　　) 14.現有產品的改進或改版。指的是哪一種創新？
　　　　(1)漸進性創新(incremental innovation)。
　　　　(2)非技術創新(non-technique innovation)。
　　　　(3)破壞式創新(disruptive innovation)。
　　　　(4)行銷創新(marketing innovation)。

（　）15.關於市場缺口分析的描述，何者錯誤？
　　　　(1)是要確認市場是否可以容納此項新產品。
　　　　(2)確認現有競爭產品的狀態：了解是否存有新產品生存的空間。
　　　　(3)確認消費者未被滿足需求：了解新產品是否有市場利基。
　　　　(4)屬於科技研發的領域，與消費者或市場競爭無關。

（　）16.新產品發展階段中，針對少部分忠誠顧客所進行的測試。這是指
　　　　哪一種測試？
　　　　(1)alpha測試。
　　　　(2)beta測試。
　　　　(3)小規模試銷售。
　　　　(4)新產品推廣促銷。

（　）17.知曉(awareness)-->興趣(interest)-->評估(evaluation)-->試用(trial)--
　　　　>採納(adoption)，這最有可能是哪一種程序階段？
　　　　(1)新產品開發的程序。
　　　　(2)行銷研究程序。
　　　　(3)論文撰寫程序。
　　　　(4)消費者採納程序的階段。

（　）18.影響消費者採納新產品的因素中，能否輕易地跟消費者溝通說明
　　　　新產品的優點。這是指什麼？
　　　　(1)可溝通性(communicability)。
　　　　(2)相容性(compatibility)。
　　　　(3)複雜性(complexity)。
　　　　(4)可分割性(divisibility)。

（　）19.下面哪一種人，最晚採用新產品？
　　　　(1)落後者(laggards)。
　　　　(2)早期大眾(early majority)。
　　　　(3)。
　　　　(4)早期採用者(early adopters)。

（　）20.影響消費者採納新產品的因素中，新產品的使用是否過於困難。
　　　　這是指什麼？
　　　　(1)相對優勢(relative advantage)。
　　　　(2)相容性(compatibility)。
　　　　(3)複雜性(complexity)。
　　　　(4)可分割性(divisibility)。

複習題目解答

1	2	3	4	5	6	7	8	9	10
1	4	3	1	1	1	3	1	1	1
11	12	13	14	15	16	17	18	19	20
1	4	3	1	4	2	4	1	1	3

第十六章 訂價策略

本章針對各種定價規則之設定與其內涵進行討論。透過不同考量之定價策略介紹其相對應之不同設定基準點。在市場上，並非所有商品都適用於同一種定價法。好的行銷策略必需透徹了解市場狀況、競爭者能力與消費者需求再決定最符合市場之定價策略，以避免高商品力之產品售低價格而損失利潤破壞商品市場價值，或將沒有競爭力之商品售高了而乏人問津[16]。

16.1 定價程序

- 定價目標：
  - 擴展目標：維持企業生存、擴大企業規模、多品種經營。
  - 利潤目標：達到最大利潤、獲取滿意利潤、符合預期利潤、銷售量增加。
  - 銷售目標：擴大市場占有率、爭取中間商。
  - 競爭目標：穩定價格、應付或防止競爭、穩定價格、挑戰定價、品質優先。
  - 社會目標：促進社會福祉。

- 確定需求：
  - 需求曲線：價格會影響市場需求。
    在正常情況下，市場需求會按照與價格相反的方向變動。價格上升，需求減少；價格降低，需求增加，所以需求曲線是向下傾斜的。
    但就部份奢侈品來說，需求曲線有時呈正斜率。
  - 需求彈性：
    - 價格彈性＝需求量變動的百分比／價格變動的百分比
    - 需求較無彈性：價格變動對需求影響小，價格調漲不會減少需求，價格調降不會刺激需求。
    - 需求有彈性：價格變動對需求影響大。價格促銷會達到效果。

- 估計成本
  - 固定成本：不會因為需求數量增加或減少而改變的成本。

---

[16] 本章重點綱要與考題由張淑楨老師整理。

- ○ 變動成本：在生產過程中與數量息息相關的成本。
- ● 定價方法的類型
  - ○ 成本導向定價法
  - ○ 競爭導向定價法
  - ○ 顧客導向定價法
- ● 成本導向定價法：以產品單位成本為基礎，加上預期利潤來確定價格。
  - ○ 成本加成定價法：
    將所有生產耗費全計入成本的範圍，計算每單位產品的變動成本並合理分攤固定成本後，按一定的目標利潤率來決定價格。
  - ○ 目標報酬訂價法(投資收益率定價法)：
    根據投資總額、預期銷售量和投資回收期等因素來確定價格。
  - ○ 邊際成本定價法(變動成本定價法)：
    根據每增加或減少單位產品所引起的總成本變化量作為定價參考。
  - ○ 損益平衡定價法：
    在銷量既定的條件下，為達到損益兩平，依盈虧平衡點計算單價定價。
- ● 競爭導向定價法：根據競爭對手與自我實力，所採取的定價策略：
  - ○ 市場行情定價法：
    產品價格保持在市場平均價格水準，利用這樣的價格來獲得平均報酬。此定價法企業就不必去全面瞭解消費者對不同價差的反應，也不會引起價格波動。
  - ○ 產品差別定價法：
    建立不同產品形象，再根據產品特點，選取低於或高於競爭者的價格作為產品訂價。
  - ○ 投標競價定價法：
    標的物的價格由參與投標的各個企業，在相互獨立的條件下來確定。
- ● 顧客導向定價法：以消費者需求為中心，依市場需求和消費者對產品的感覺差異來確定價格的方法。

- 知覺價值定價法：
  以消費者對商品認知應有的價值為定價依據，此定價策略下，企業常運用各種行銷策略提升消費者對商品的價值認知試圖提升價格。
- 需求差異定價法：
  考慮不同需求狀況而有不一樣的價格。例如：重要節日，節日應景產品可能會有較高價格，但節日過後，需求降低，訂價跟著降低。
- 逆向定價法：
  不考慮成本，而重點考慮需求狀況。依消費者能接受之最終價格回推出廠價格。

● 選定最終價格時，還可參照其他方式定價，如：
  - 其他行銷活動的考量。
  - 公司訂價政策的規則。
  - 利益與風險分攤的權衡。
  - 價格對其他群體的衝擊。

16.2 價格原則

● 新產品定價：可考慮吸脂定價法(market-skimming pricing)或滲透定價法(penetration pricing)
  - 吸脂定價法：新產品上市之初，把價格定得很高，以便在短期內獲取厚利，迅速收回投資，減少經營風險。
  - 滲透定價法：此定價與「吸脂定價法」相反。「滲透定價法」是一種建立在低價基礎上的新產品定價策略。即在新產品進入市場初期，把價格定得很低，藉以打開產品銷路，擴大市場占有率。

● 心理定價：根據消費者心理，可分為以下幾種：
  - 整數定價：
    按整數定價，一般以0為尾數，也比較好找零。
  - 尾數定價法：
    人們會傾向於購買尾數為9的商品，在心理上感覺零頭價格比整數價格低。
  - 聲望定價法：
    以提高產品形象，由高價格體現產品價值，讓購買者產生足以襯托地位與滿足欲望的定價方法。

- 習慣定價法：
  某些產品在市場上已經形成一種習慣性的價格區間，若定價與消費者習慣差異太大，則可能產生消費者疑慮。

● 折扣定價：

- 促銷折扣：促進銷售量所給予的折扣。
- 現金折扣：使用現金給予折扣。
- 信用卡折扣：與信用卡公司合作，特定信用卡給予折扣。
- 數量折扣：達到特定數量後給予折扣。
- 季節性折扣：特殊時間給予的折扣。
- 折讓：例如品質不符所給予的折讓。

● 差別定價：

- 客戶區隔訂價：不同消費者區隔給予不同的定價。
- 產品形式訂價：不同產品形式或包裝給予不同的定價。
- 通路訂價：不同通路給予不同定價。
- 時間訂價：特別時間給予不同定價。
- 地點訂價：特別地點給予不同定價。

16.3 價格調整

● 價格調整

- 常見於面對競爭者時，可考慮調整價格，以進行競爭。

● 降價：以下幾種情境適用降價策略。

- 產能庫存：產能較高，面臨庫存壓力，市場供過於求。
- 市場需求：刺激市場需求。
- 競爭因素：面臨競爭者削價競爭。
- 成本因素：生產成本下降。

● 漲價：以下幾種情境適用漲價策略。

- 供給因素：產品供不應求。
- 市場需求：市場需求增加。
- 競爭因素：競爭者退出市場。
- 成本因素：生產成本上揚、通貨膨脹。

● 消費者對漲價的看法：

- 產品暢銷，爭相購買。
- 產品有高價值。
- 臆測產品商想賺更多的錢。

● 消費者對降價的看法：
  ○ 知覺快過季了，產品商想出清庫存。
  ○ 新產品即將上市，產品商想賺最後一波。
  ○ 臆測產品有缺點，因此銷售不佳而降價。
  ○ 企業財務困難，產品削價變現。
  ○ 產品品質不如當初，所以降價銷售。

● 競爭者對降價的可能反應：
  ○ 相向式反應：採取跟隨作法。你漲價，他漲價；你降價，他降價，對市場影響不大。
  ○ 逆向式反應：採取逆向做法。你漲價，他不動或降價；你降價，他不動或漲價。這樣相互爭奪市場的情境下，競爭壓力大。
  ○ 交叉式反應：眾多競爭者對調價的反應不一，此時更重於提高產品品質，加強廣告與宣傳策略，保持通路供貨順暢。

複習題目

( ) 1.請問「投標競價定價法」屬於以下哪一類型的定價方法？
(1)成本導向定價法。
(2)競爭導向定價法。
(3)顧客導向定價法
(4)習慣定價法

( ) 2.面對瞬息萬變的市場需求,以下何種狀況適合「漲」價?
(1)通貨膨脹，生產成本上揚。
(2)面臨庫存壓力。
(3)競爭者削價競爭。
(4)生產成本下降。

( ) 3.當消費者遇商品漲價時，消費者可能產生很多種可能的臆測推論，以下何者是消費者可能產生的看法？
(1)產品快過季了、快要退流行了，產品商想出清庫存。
(2)新產品即將上市，產品商想賺最後一波。
(3)競爭者進入市場，供給量增加。
(4)消費者反應好，需求激增，供不應求，廠商趁機漲價。

( ) 4.當價格變動時，需求量並不會有太大變動之產品特質為：
(1)需求無彈性。
(2)價格有彈性。
(3)需求有彈性。
(4)價格無彈性。

( ) 5.以消費者對商品認知應有的價值為定價依據。這是哪一種定價？
(1)成本導向定價法。
(2)競爭導向定價法。
(3)知覺價值定價法。
(4)市場行情定價法。

( ) 6.對製造產品商來說，機械設備屬於？
(1)固定成本。
(2)變動成本。
(3)機會成本。
(4)投機成本。

( ) 7.在新產品上市之初，把價格定得很高，以便在短期內獲取厚利，迅速收回投資，減少經營風險。這是哪一種定價方法？
(1)成本導向定價法。
(2)競爭導向定價法。
(3)滲透定價法。
(4)吸脂定價法。

( ) 8.為了提高產品形象，將價格定得較高，藉此體現產品高價值，以高單價襯托消費者地位與滿足欲望。這是哪一種定價方法？

(1)聲望定價法
(2)尾數定價法
(3)整數定價法
(4)顧客導向定價法

( ) 9.建立不同產品形象,再根據產品特點,選取低於或高於競爭者的價格作為產品訂價。這是哪一種定價法?
(1)成本導向定價法。
(2)產品差別定價法。
(3)顧客導向定價法。
(4)習慣定價法。

( ) 10.根據投資總額、預期銷售量和投資回收期等因素來確定價格。這是哪一種定價法?
(1)目標報酬訂價法(投資收益率定價法)。
(2)競爭導向定價法。
(3)顧客導向定價法。
(4)習慣定價法。

( ) 11.產品價格保持在市場平均價格水準,利用這樣的價格來獲得平均報酬。這是哪一種定價法?
(1)成本導向定價法。
(2)市場行情定價法。
(3)顧客導向定價法。
(4)習慣定價法。

( ) 12.在新產品進入市場初期,把價格定得很低,藉以打開產品銷路,擴大市場占有率的定價方法是屬於哪一種定價方法?
(1)成本導向定價法。
(2)競爭導向定價法。
(3)滲透定價法。
(4)吸脂定價法。

( ) 13.考慮不同需求狀況而有不一樣的價格。這是哪一種定價方法?
(1)成本導向定價法。
(2)競爭導向定價法。
(3)需求差異定價法。
(4)市場行情定價法。

( ) 14.當競爭者漲價時,我也跟著漲價的反應策略屬於?
(1)相向式反應。
(2)逆向式反應。
(3)交叉式反應。
(4)保險式反應。

( ) 15.請問「損益平衡定價法」屬於以下哪一類型的定價方法?
(1)成本導向定價法。
(2)競爭導向定價法。

(3)顧客導向定價法。

(4)習慣定價法。

( ) 16.當未來市場對產品的需求量預計增加，但供給沒有增加時，以下
何者為合適的反應？

(1)削價競爭，以避免產品賣不出去。

(2)可以考慮漲價。

(3)維持現有產量、現有價格，必要時降價。

(4)建議降價，減產。

( ) 17.根據每增加或減少一單位的產品，所引起的總成本變化量，以此
成本變化量作為定價參考。這是哪一種定價法？

(1)邊際成本定價法(變動成本定價法)。

(2)競爭導向定價法。

(3)顧客導向定價法。

(4)習慣定價法。

( ) 18.以下關於價格與需求之間的關係，何者錯誤？

(1)在正常情況下，市場需求會按照與價格相反的方向變動。價格
愈高，需求愈低。

(2)價格上升，需求減少；價格降低，需求增加，所以需求曲線是
向下傾斜的。

(3)部份奢侈品來說，需求曲線有時呈正斜率。價格愈高，需求反
而愈高

(4)需求無彈性時，價格變動對需求影響大，此時價格促銷會達到
效果。

( ) 19.當價格下降時，消費者可能會產生很多種可能的臆測推論，請問
以下的何種臆測，是產品降價時，消費者可能會產生的想法？

(1)產品快過季了、快要退流行了，產品商想出清庫存。

(2)供不應求，廠商想賺更多的錢，因此才會降價。

(3)產品熱賣，廠商才會降價。

(4)產品屬於高附加價值產品。

( ) 20.面對瞬息萬變的市場需求，以下何種狀況適合「降」價?

(1)通貨膨脹，生產成本上揚。

(2)產品供不應求。

(3)競爭者進入市場，供給量增加。

(4)消費者需求大幅增加。

複習題目解答

1	2	3	4	5	6	7	8	9	10
2	1	4	1	3	1	4	1	2	1
11	12	13	14	15	16	17	18	19	20
2	3	3	1	1	2	1	4	1	3

第十七章 配銷通路

行銷通路 (marketing channel) 又稱為配銷通路 (channel of distribution) 或交易通路。配銷通路,指意產品由生產端送到消費者端的銷售渠道。本章之目的為介紹配銷通路中各種重要角色與配銷渠道之特色介紹。並簡要介紹各種配銷類型之定義與差異,讓讀者對配銷通路的概念有基礎性的了解。除此之外,因應跨境商機的興起,本章更有國際配銷的特色介紹,以下即簡要介紹通路的基本概念[17]。

17.1 通路商角色

- 通路的交易功能:
  - 銷售:廠商銷售商品。
  - 購買:消費者購買商品。
  - 降低交易成本:透過合適通路配送商品,讓消費者不用到處尋覓何處可以取得商品。
  - 風險承擔:承擔從廠商到消費者之間通路工作的風險。通路工作之風險如:供不應求(存貨不足)、供過於求(存貨過多)、商品過期破損失竊、顧客不滿意...等,藉由通路商承擔風險,換取通路的利潤。

- 通路的後勤功能
  - 配送:將商品配送到販售點。
  - 儲存並維持各地存量:透過供應鏈維持販售點的可銷售狀態。
  - 分類至各地:在各地點均可獲得商品。
  - 搭配適當產品組合:透過商品之重組、理貨、集貨等等,可滿足相同或不同需求的產品,可以一次取得。

- 通路商:以下關於各個通路商(通路角色)的名詞常見意義。但有時候這些名詞是可能會被混用的。
  - 中間商(Intermediaries):
    在製造商與消費者之間,專門媒介商品買賣的個人或企業,都屬於中間商。

---

[17] 本章重點綱要與考題由張淑楨老師老師整理。

- 買賣商(Merchants)：
  此字也是商人的意思，買賣商品的個人或企業，都可以稱為買賣商或商人。
- 經銷商(Distributors)：
  向廠商進貨，再轉手賣出，買賣之間的利差是主要的利潤來源。只要幫忙銷售商品，就可以稱為經銷商，不一定會跟廠商簽有合約，但也有簽訂長期銷售合約的經銷商。經銷商可以買斷商品，意指商品的財產權已經從廠商轉給經銷商。也可以採取寄賣制。寄賣制意指沒有賣出可以全額退貨。
- 代理商(Agents)：
  廠商與市場（消費者）之間的中介，幫助企業將產品銷售到市場。有些時候，並不具有該產品的所有權，只能得到相應的佣金酬勞。代理商常常與廠商簽有授權合約。代理商有時可以再代表廠商，與其他廠商簽定代理合約，此時有時也被稱為總代理。
- 批發商(Wholesalers)：
  主要銷售對象為下游通路，而非銷售給消費者。
- 零售商(Retailers)：
  主要銷售對象是消費者。
- 經紀商(Brokers)：
  接受客戶委託，代客買賣並以此收取佣金的中間人。房屋仲介屬於經紀商，`證券公司也屬於經紀商。
- 自營商(Dealers)：
  通常是指先將商品買入，然後銷售給賣家。例如二手車的銷售商，將二手汽車購入，然後賣給消費者。

● 通路績效：通路的績效，取決於企業目前希望通路達到什麼目標。

- 財務性績效 (financial performance)：最常用的績效變數。例如，獲利率。
- 操作性績效 (operation performance)：或者稱為作業性績效。不直接連接到財務績效，但連結到通路的作業效率。例如：市場占有率、退貨率。
- 事業績效 (business performance)：作業績效加上財務績效稱為事業績效。
- 利害關係人 (stakeholders) 的想法：衡量通路績效時，有時也要考慮通路中利害關係人的想法。例如24小時便利商店對鄰居的友善程度。

17.2 通路長度與密度

● 通路長度：通路階層數(Channel level)
- 零階通路(Zero-level Channel)：廠商 > 消費者。
又稱直接行銷(Direct Marketing Channel)，係由製造者及消費者所構成，由產品製造者直接將產品銷售給最終消費者。
- 一階通路(One-level Channel)：廠商 > 零售商 > 消費者。
一階通路(one level channel)是在製造商和消費者之間存在有一個中間商機構，即製造者透過零售商將產品送達消費者。
- 二階通路 (two level channel)：廠商 > 批發商 > 零售商 > 消費者。
係在製造者及消費者間再加上兩層中間商，在消費品市場通常是批發商和零售商。
- 三階通路(Three-level Channel)：廠商 > 批發商 > 中盤商 > 零售商 > 消費者。
包括三層中間機構，即產品的批發商與零售商之間還有一層中盤商；大型批發商通常不直接銷貨給零售商，而是透過其間的中盤商轉售。

● 通路密度：通路的數目。
- 密集配銷 (intensive distribution)：盡量允許經銷通路。
意指中間商數很多，通路盡量可能利用同一層次的中間商進行分配，包括零售及批發都一樣，以做到所謂「到處有售」的狀態，使顧客獲得最佳的便利程度。適用生活必需品或低關心度之商品。
- 選擇配銷 (selective distribution)：只允許部分或特別規劃的的經銷通路。
中間商數目介於獨家與密集之間。選擇配銷策略常會依市場區隔或經銷區域大小有關。在此策略下，對顧客而言，並非到處有售，故需付出較多的時間及費用去採購。
- 獨家配銷 (exclusive distribution)：只允許單一經銷商。
係通路行銷中，只有一家中間商，在一定市場範圍內產品限由一家中間商經銷。在此策略下，廠商願意給予獨家經銷商權力，而經銷商也願意對廠商的產品提供大量的推銷及服務，例如大部分的汽車廠，都只允許單一經銷商來銷售汽車，以便要求這家經銷商建立完整的銷售與售後服務、維修體系。

17.3 配銷系統的類型

● 傳統的配銷通路(conventional marketing channel)：
  ○ 此種通路係由一群獨立的製造商、批發商和零售商所組成。
  ○ 通路中沒有一個成員對其他成員有足夠的控制力，每位成員都是一個獨立的企業個體，各自追求利潤最大化。
  ○ 此系統為鬆散之組織結構。

● 水平行銷系統(HMS, horizontal marketing system)：
  ○ 水平行銷系統係由彼此並無相關的兩家或兩家以上通路成員，同時存在，共同開拓新的市場機會，或者達到規模經濟，使雙方獲得最大的利益。

● 垂直行銷系統(VMS, vertical marketing system)：
  ○ 垂直行銷系統將製造商、批發商、零售商視為一體，彼此高度合作，可能是來自同一個企業體系或以合約的方式結合為同一體系，組成一個緊密的行銷通路，以達成專業化管理且集中規劃之行銷通路。

● 企業式垂直行銷系統(corporate VMS)：
  ○ 一條龍服務，從製造產品開始，到批發商，再到零售商，直至銷售給消費者，都是同一家廠商（或者該廠商的子公司）。
  ○ 受限於企業資源有限，無法快速擴展通路，銷售通路會受侷限。

● 契約式垂直行銷系統(contractual VMS)：
  ○ 製造商與零售商、批發商簽訂合約，在合約規範下進行銷售，連鎖店、加盟店體系的商家，大多數都屬於這種契約系統。
  ○ 因為簽訂有合約，因此通路必須在合約規範下進行行銷活動。
  ○ 受限於必須簽訂嚴謹合約，並非所有零售商、批發商都願意簽訂嚴謹合約，通路擴展速度較慢。

● 管理式垂直行銷系統(administrated VMS)：
  ○ 製造商與零售商、批發商之間，沒有嚴謹的合約關係（可能有合約，但不嚴謹，或者連合約都沒有）。

- 因為未簽訂嚴謹合約，因此容易擴展通路。
- 因為並無規範，因此廠商只能採取管理的方式，進行通路管理。較難維持行銷活動的一致性。

● 多重式通路行銷(multichannel marketing)：
  - 設立不只一個通(以上)通路供應市場，每種通路鎖定各自獨特市場區隔之消費群體。
  - 互補性：多樣產品至不同市場。
  - 競爭性：相同產品至不同市場。

● 整合式行銷通路系統(integrated marketing channel system)：
  - 將每一種通路都整合起來。
  - 成為一致的銷售策略與戰術，藉由增加更多通路，獲得優勢。以增加市場佔有率、獲得更低的通路成本。

● 逆向通路(reverse channel或backward channel)：
  - 在某些情況下，通路會出現逆向往後移動的方式，由消費端流回廠商端，稱之為逆向通路。
  - 例如：回收、退貨、召回。

17.4 國際市場通路結構

● 間接通路 (indirect channel)：
  - 生產廠商透過國內中間商對國外銷售商品，如國際貿易、出口商、出口管理公司等。

● 直接代理／經銷商通路 (direct agent ／ distributor channel)：
  - 製造商直接將產品銷售給國外的代理商或經銷商，再由當地的代理商或經銷商將產品配銷。

● 直接分支機構／子公司通路 (direct branch/subsidiary channel)：
  - 製造商將產品透過國外的分支機構或子公司，將產品銷售給當地消費者或由當地的經銷商進行銷售。

複習題目

( ) 1.製造商直接透將貨交付給國內的進出口貿易商,再由進出口貿易商覓得買家自行對外銷售,此種的通路結構是指?
(1)間接通路。
(2)經銷商通路。
(3)子公司通路。
(4)直接分支機構。

( ) 2.產品製造者透過零售商將產品送達消費者之通路階層為?
(1)零階通路。
(2)一階通路。
(3)二階通路。
(4)三階通路。

( ) 3.在通路策略中,如若要做到所謂「到處有售」的地步,使顧客能獲得最大的便利,要執行何種配銷方式?
(1)密集配銷。
(2)選擇配銷。
(3)獨家配銷。
(4)代理配銷。

( ) 4.請問下列何者「不是」密集性配銷所要達到的效果?
(1)讓消費者到處都買得到。
(2)達到最大便利性。
(3)盡可能所有通路都有賣。
(4)區分客人來源,販賣不同商品組合。

( ) 5.通常企業透過退貨率來衡量通路績效的方法屬於何種通路績效?
(1)作業性績效。
(2)財務性績效。
(3)事業性績效。
(4)利害關係人想法。

( ) 6.請問下列何者「不是」採用「選擇配銷」時,會達到的效果?
(1)消費者到處都買得到商品。
(2)有效區隔市場。
(3)讓不同通路的消費者,買到不同商品組合。
(4)因為配銷不普及,消費者需付出較多時間及費用去採購商品。

( ) 7.在通路策略中,需要依市場區隔或經銷區域大小,以進行區隔時,通常會執行何種配銷策略?
(1)密集配銷。
(2)選擇配銷。
(3)獨家配銷。
(4)代理配銷。

（　　） 8.廠商生產後，委由大型批發商，將貨物透過中盤，轉售給零售商，最後才到消費者端的通路階層屬於？
　　(1)零階通路。
　　(2)一階通路。
　　(3)二階通路。
　　(4)三階通路。

（　　） 9.以下哪一種中間商，將商品銷售給下游通路，而非銷售給消費者？
　　(1)批發商。
　　(2)零售商。
　　(3)代理商。
　　(4)自營商。

（　　） 10.設立多種通路，每種通路鎖定不同區隔消費者，此配銷策略為？
　　(1)傳統的配銷通路。
　　(2)獨家代理。
　　(3)垂直行銷系統。
　　(4)多重式通路行銷。

（　　） 11.下列何者「並非」行銷通路的主要功能？
　　(1)去中間商。
　　(2)承擔通路工作的風險。通路工作有很多風險，例如供不應求(存貨不足)、供過於求(存貨過多)、商品過期破損失竊、顧客不滿意…等，藉由承擔風險，換取通路的利潤。
　　(3)將商品分類、配送至各地。
　　(4)搭配適當產品組合。

（　　） 12.彼此並無相關的兩家或兩家以上通路成員，同時存在，共同開拓新的市場機會，或者達到規模經濟，使雙方獲得最大的利益。此種配銷系統是屬於？
　　(1)傳統的配銷通路。
　　(2)水平行銷系統。
　　(3)垂直行銷系統。
　　(4)獨家配銷。

（　　） 13.請問在一定市場範圍內，其產品限由一家中間商經銷，此種配銷策略為？
　　(1)密集配銷。
　　(2)選擇配銷。
　　(3)獨家配銷。
　　(4)多重式通路行銷。

（　　） 14.製造商直接將產品銷售給國外的代理商或經銷商，再由當地的代理商或經銷商將產品配銷。此種的通路結構是指？
　　(1)間接通路。
　　(2)經銷商通路。
　　(3)子公司通路。

(4)直接分支機構。

( ) 15.當產品由消費用退回到銷售端時，此種物流系統稱為？
(1)傳統的配銷通路。
(2)整合行銷通路。
(3)多重式行銷通路。
(4)逆向通路。

( ) 16.由產品製造者直接將產品銷售給最終消費者之通路階層為?
(1)零階通路。
(2)一階通路。
(3)二階通路。
(4)三階通路。

( ) 17.下列何者「不是」行銷通路的主要功能？
(1)儲存並維持各地存量。
(2)承擔通路工作的風險。通路工作有很多風險，例如供不應求(存
貨不足)、供過於求(存貨過多)、商品過期破損失竊、顧客不滿
意...等，藉由承擔風險，換取通路的利潤。
(3)提高物價。
(4)搭配適當產品組合。

( ) 18.當產品遇緊急召回時，需要用到何種通路系統？
(1)傳統的配銷通路。
(2)整合行銷通路。
(3)多重式行銷通路。
(4)逆向通路。

( ) 19.在消費品市場，製造商經過批發商和零售商，將產品送達消費者
之通路階層為？
(1)零階通路。
(2)一階通路。
(3)二階通路。
(4)三階通路。

( ) 20.企業單位自行專業化的集中管理整個通路體系，且為企業量身訂
做的配銷系統，稱為？
(1)企業式垂直行銷系統。
(2)水平行銷系統。
(3)傳統的配銷通路。
(4)多重式通路行銷。

複習題目解答

1	2	3	4	5	6	7	8	9	10
1	2	1	4	1	1	2	4	1	4
11	12	13	14	15	16	17	18	19	20
1	2	3	2	4	1	3	4	3	1

第十八章 零售、批發及物流

本章節目的為介紹供應鏈中各大中間商之角色定義與概念。何謂批發？何謂零售？零售之角色種類為何？批發的重要功能？讀完本章節後，讀者可對供應鏈中各大大小小供應商的角色有基本概念，並能清楚了解供應鏈各角色所扮演之功能與其核心價值。為什麼量販會比便利商店還便宜？為什麼百貨公司不是什麼都賣？以下將簡要帶出對行銷有興趣之讀者，在領域中需要知道之重要概念[18]。

18.1 零售業

● 有店面零售商種類

　　○ 便利商店(convenience store)：
　　規模較小、交通方便、營業時間長、以販售高周轉率的便利品為主、產品線不長、顧客追求購買效率與方便性、且少量購買，因此價格偏高。
　　例如：7-Eleven、全家。

　　○ 超級市場(supermarket)：
　　規模介於便利商店與百貨公司，營業時間比便利商店短、販售生鮮產品及個人與家庭用品為主、產品廣度與長度都比便利商店還長、商品價格比便利商店低、講求薄利多銷與自助式服務。
　　例如：全聯、頂好。

　　○ 百貨公司(department store)：
　　營業面積比超市大、銷售以品牌產品為主、產品線多元、產品較精緻、價格也較貴、以及良好的品質與形象取勝，被許多民眾視為休閒場所。百貨公司通常包含各類產品，但每一個產品以專櫃的形式存在，各專櫃在百貨公司的架構下經營。百貨公司內可能附設有超市。

---

[18] 本章重點綱要與考題由張淑楨老師整理。

- 購物商場(shopping mall)：
  與百貨公司類似，具有與百貨公司類似的特點：營業面積比超市大、銷售以品牌產品為主、產品線多元、產品較精緻、價格也較貴、以及良好的品質與形象取勝，被許多民眾視為休閒場所。與百貨公司不同之處，在於購物商場規模通常更大，購物商場內的店家，常以專賣店的方式存在，購物商場內可能設有超市、百貨公司、便利商店。
- 量販店(大賣場，hypermarket)：
  通常以低價、商品齊全為訴求，因此地點選擇較遠離市區、產品組合廣、型態為百貨公司和超級市場的綜合、銷售大宗商品、店面設計簡單、低價位高週轉之經營策略。
- 專賣店 (specialty store 或 limited-line store)：
  產品廣度窄、但產品線長、通常提供較全面的服務、以核心品牌、或特殊商品風格吸引消費者。專賣店可設於一般街區，也可設於購物商場，或以專櫃的方式設於百貨公司內。

● 非店面零售商：
- 直效行銷(direct marketing)：直接郵寄(direct mail)、型錄行銷(catalog marketing)等等。
- 直接銷售(direct selling)：也稱多層次傳銷、網絡行銷。
- 自動化販賣(automatic vending)：24小時的自助式販賣。
- 網路購物：在網路上進行銷售。
- 團購：團購網站集合足夠人數，以優惠價格購買商品。

● 零售商的類型區分方式：
- 依賣場規模區分：大型商店 / 中型商店 / 小型商店。
- 依服務方式區分：自助式 / 簡易服務 / 專業服務。
- 依銷售內容區分：服務零售商 / 商品零售商。
- 依有無店面區分：有店面 / 無店面。
- 依所有權區分：獨立商店 / 連鎖店 / 專櫃 / 消費合作社 / 政府零售據點 / 直行銷體系。

● 店舖地點選擇：
- 內部環境分析：
  考慮自身的零售形態、商品特性、價位及客戶群體。
- 外部環境分析：
  考慮所掌握的機會與面對的威脅。

- 新市場進入與現存市場擴張：
  第一間店面屬於新市場進入／而加開分店則屬於現存市場擴張；新市場進入需面對新市場考量，而現存市場擴張則有機會在同一區複製開店手法。
- 區域分析：
  劃定幾個可能的商業區域、確立商店設點的條件要求(如家庭戶數、交通流量、停車數量)並進行評估等。
- 地點分析：
  以確定的區域為範圍，以商店所需具備的可靠近性及現實環境等要素作為商店座落地點的決策考量。
- 商業評估或銷售預測：
  預估商圈內的消費潛力、消費購買行為，再配合上各地點的特性與條件(如競爭者)，進行銷售預測與損益平衡分析，以評估不同地點的發展潛力。

● 零售車輪理論(wheel of retailing)：
  - 零售車輪理論是指創新型零售商在新進入市場時，常會以減低毛利的方式，透過低價吸引消費者，以打開市場佔有率，並嘗試取代其他競爭者。
  - 然而，新進入之零售商開拓市場並站穩腳步之後，卻又為拓展更大的市場規模與提升市場地位而投資更多成本。為了提供更好的服務或銷售更好的產品，因此在成本提升的過程中導致價格上升。
  - 成本與價格上升之零售商，最後再被新一波剛進入市場低價低毛利的新零售商而取代。
  - 但第二批新進零售商站穩腳步之後，又會在追求銷售發展後再被下一批新進零售商取代。
  - 這個過程周而復始，持續不斷，即稱為零售車輪理論。
  - 根據零售車輪理論，成本領導是零售產業新進入者的競爭武器，而無法控制成本，是站穩腳步後卻又被其他新進入者蠶食市場的原因。

18.2 批發

● 批發業的功能：
  - 商品集散：專職銷售與推廣。
  - 供需調節：採購與產品搭配。
  - 成本節約：大批整買零賣，提供適當的貨品份量。
  - 倉儲存貨：穩定貨物供應量與價格。
  - 物流運輸：比製造商更熟悉物流作業。

- 融資與風險負擔：提供客戶月結、融資、貨到付款、並可承擔產品損壞、過、失竊之潛在風險。

- 批發商的類型：以下關於批發商的名詞，但請注意，這些名詞常有混用的狀況。
  - 商品批發商(merchant wholesaler)：
    商品批發商擁有商品所有權並獨立經營，獲利來自於販售商品之利潤。可分為綜合批發商與專業批發商。
    - 綜合批發商擁有多個產品線。
    - 專業批發商只提供單一產品類別。
  - 代理商(agent)與經紀商(broker)：
    代理商與經紀商本身不對產品擁有所有權，其角色僅代表買方或賣方促進商品交易，其獲利來自於進產品交易從中賺取之佣金。
    - 代理商為長期代表買方或賣方的中間商。
    - 經紀商則為買方或賣方因短期商業活動短期僱用的中間商。

18.3 物流

- 物流核心意義：
  - 在符合客戶要求下將產品運送至指定地點並從中獲得利潤。

- 物流配送主要分為：
  - 出向物流、外向物流(outbound distribution)：
    亦稱為流出物流、銷售物流。是將產品運送至顧客手中之貨物流向，以銷售商品之流通為目的。
  - 進向物流、內向物流(inbound distribution)：
    亦稱為流入物流、原料物流及生產物流。指原料物流及生產物流，也就是為了製造，向供應商提出原物料需求。
  - 逆向物流(reverse distribution)：
    逆向物流通指「銷貨退回」的作業，也就是貨物從顧客端退回到貨主的物流方向。

- 物流主要活動：
  - 訂單處理 (order processing)。
  - 倉儲(warehousing)。
  - 存貨控制(inventory control)。

- 配送(shipping)。

● 按主體劃分的物流模式
  - 自營物流：企業自己擁有物流中心。
  - 第三方物流：連鎖企業的物流活動完全由第三方的專業物流公司來承擔。
  - 供應商直接物流：透過要求供應商直送方式完成連鎖店的物流系統。
  - 共同物流模式：各家物流業者之間進行物流整合，透過功能性互補方式完成互惠互利，互相提供便利的物流服務的協作型物流模式。

● 按物流時間及數量劃分的物流模式
  - 定時物流：按規定的時間間隔，進行物流活動的模式。
  - 定量物流：按規定的批量，在指定的時間內完成物流活動。
  - 定時、定量物流：按照規定的物流時間和物流數量，進行物流活動的方式。
  - 定時、定線物流：在規定的運行路線上，按事先確定的運行時間表，進行物流活動。
  - 即時物流：完全按照客戶要求，即時提供物流。

複習題目

( ) 1.當生產商品時，向供應商採購商品原料之物流方向是指？
　　(1)外向物流(出向物流)。
　　(2)進向物流(內向物流)。
　　(3)逆物流。
　　(4)即時物流。

( ) 2.下列何者非物流的功能？
　　(1)訂單處理。
　　(2)存貨控制。
　　(3)配送。
　　(4)售後服務。

( ) 3.零售店的商品保存期限過期，退回給上游，此種物流方向是指？
　　(1)外向物流(出向物流)。
　　(2)進向物流(內向物流)。
　　(3)逆物流。
　　(4)即時物流。

( ) 4.在零售商特性中，規模較小、以便利性為主、營業時間長顧客追求
　　購買效率與方便性，且少量購買，因此價格偏高的零售種類為？
　　(1)便利商店。
　　(2)百貨公司。
　　(3)超級市場。
　　(4)量販店。

( ) 5.消費者網購商品，發現有瑕疵，而寄回給賣家進行退貨，此種物流
　　方向是指？
　　(1)外向物流(出向物流)。
　　(2)進向物流(內向物流)。
　　(3)逆物流。
　　(4)即時物流。

( ) 6.按規定的批量進行運送的物流方式屬於哪一種物流？
　　(1)定時物流。
　　(2)定量物流。
　　(3)定線物流。
　　(4)即時物流。

( ) 7.按規定的時間間隔，進行物流活動的模式屬於?
　　(1)定時物流。
　　(2)定量物流。
　　(3)定線物流。
　　(4)即時物流。

( ) 8.銷貨退回所產生的物流方向屬於？
　　(1)外向物流(出向物流)。

(2)進向物流(內向物流)。
(3)逆物流。
(4)即時物流。

( ) 9.下列何者「並非」批發商的功能？
(1)物流運輸。
(2)倉儲存貨。
(3)融資與風險負擔。
(4)開發新產品。

( ) 10.開設在鬧區，專賣某一公司產品的店鋪，屬於何種零售模式？
(1)便利商店。
(2)專賣店。
(3)超級市場。
(4)量販店。

( ) 11.在規定運行路線上，按事先確定的運行時間表，進行物流活動。
(1)即時物流。
(2)定量物流。
(3)逆物流。
(4)定時、定線物流。

( ) 12.當商品從工廠送到零售商的店面時，此種物流方向是指？
(1)外向物流(出向物流)。
(2)進向物流(內向物流)。
(3)逆物流。
(4)即時物流。

( ) 13.請問開設在鬧區，專賣某一公司的行動電話、電腦、3C產品，屬於何種零售模式？
(1)便利商店。
(2)專賣店。
(3)超級市場。
(4)量販店。

( ) 14.以零售商的經營模式中，公司自己經營多個店面，集中採購與銷售，這種零售方式屬於哪一種？
(1)購物商場。
(2)百貨公司。
(3)消費者合作社。
(4)公司連鎖。

( ) 15.在零售商特性中，營業面積比超市大、銷售以品牌產品為主、產品線多元、產品較精緻、價格也較貴、以及良好的品質與形象取勝，被許多民眾視為休閒場所。這是指哪一種通路？
(1)便利商店。
(2)百貨公司。
(3)超級市場。

(4)量販店。

（　　）16.以下關於零售車輪(wheel of retailing)理論的陳述，何者「錯誤」？
(1)新進入市場的創新型零售商常會減低毛利的方式，以低價吸引消費者，並逐漸取代其他競爭的零售商。
(2)新的零售商常以低成本的方式進入市場，但站穩腳步之後，卻又因為各種成本提升，而導致價格上升。
(3)成本領導是零售產業新進入者的競爭武器，而無法控制成本，是站穩腳步後卻又被其他新進入者蠶食市場的原因。
(4)通路品質才是重點，即使成本提高，也在所不惜，才不會被新進入者所取代。

（　　）17.有關零售店地點的選擇，下列何者有「誤」？
(1)必須考慮自身的零售形態、商品特性、價位及客戶群體。
(2)以商店所需具備的可靠近性，及現實環境等要素，作為商店座落地點的決策考量。
(3)不管零售店性質，只要競爭者開在哪，我也複製手法開在旁邊，就會成功。
(4)要進行銷售預測與損益平衡分析，以評估不同地點的發展潛力。

（　　）18.下列何者「並非」第三方物流的特性？
(1)委外物流。
(2)風險分散。
(3)節省管理成本。
(4)企業自己擁有物流車隊。

（　　）19.在零售商的類別中，型錄行銷是屬於？
(1)非店面零售商。
(2)店面零售商。
(3)公司式零售商。
(4)大型零售商。

（　　）20.不擁有商品，只負責仲介買賣雙方交易並從中賺取佣金的中間商種類為？
(1)代理商。
(2)商品批發商。
(3)中盤商。
(4)零售商。

複習題目解答

1	2	3	4	5	6	7	8	9	10
2	4	3	1	3	2	1	3	4	2
11	12	13	14	15	16	17	18	19	20
4	1	2	4	2	4	3	4	1	1

第十九章 整合行銷溝通

行銷溝通是指以直接或間接的方式，告知、說服及提醒消費者有關產品與品牌的手段。本章針對整合行銷溝通進行討論，討論內容包括行銷溝通組合、行銷溝通模式、行銷溝通步驟、整合行銷溝通，本章並討論行銷部門、行銷組織的管理與績效控制[19]。

19.1 行銷溝通組合

● 行銷溝通(或行銷傳播)(marketing communications)：
  ○ 公司試圖以直接或間接的方式，告知、說服及提醒消費者有關產品與品牌的手段。

● 行銷溝通組合主要有下列幾種：
  ○ 廣告：透過平面、電子、網路媒體或戶外展示媒體等，企業主付費對理念、商品或服務做非面對面的展示或推廣。
  ○ 公共關係：針對政府、媒體或顧客所做的各種方案及活動，推廣、保護公司形象或公司產品的發布及推廣。
  ○ 促銷：各式各樣短期的刺激，以鼓勵試用或購買產品，例如樣品、折價券或獎品。
  ○ 事件行銷：公司贊助的活動或節目，用以提高與消費者日常的互動，如體育、娛樂節目、善因事件等。
  ○ 網路行銷：設計活動或方案，經由網路與顧客或潛在顧客接觸，提高知名度或誘發銷售。
  ○ 直效行銷：以信件、電話、傳真、電子郵件等，對特定顧客或潛在顧客直接進行溝通。
  ○ 人員銷售：與潛在購買者面對面互動，進行簡報、回答問題，以獲得訂單。
  ○ 公共關係：針對政府、媒體或顧客所做的各種方案，推廣或保護公司形象或個別產品的溝通。

● 不同行銷溝通工具有不同特性：
  ○ 廣告：
    ■ 滲透性：賣家能多次重覆相同的訊息。
    ■ 生動的表達方式：圖片、聲音、色彩描繪產品。

---

[19] 本章重點綱要與考題由陳才教授整理。

- - - ■ 具控制性：廣告主可以自由選擇強調產品某些特色。
    - ○ 公共關係：
      - ■ 高可信度：新聞報導可信度更高。
      - ■ 穿透性強：消費者較不會將報導訊息屏蔽掉。
      - ■ 成本低：以媒體曝光程度換算成本較低。
    - ○ 促銷：
      - ■ 誘因強：各種折讓對消費者具吸引力。
      - ■ 促成交易：可促使消費者當下交易意願。
    - ○ 事件行銷：
      - ■ 參與意願：消費者主動參加事件、活動或體驗的意願較高。
      - ■ 軟性推銷：屬於較不直接的推廣手段。
    - ○ 直效行銷：
      - ■ 個人化：可發送客製化的個人訊息。
      - ■ 積極主動：主動與個別消費者聯繫。
      - ■ 互補：提供資訊來協助其他形式的行銷溝通。
    - ○ 人員銷售：
      - ■ 客製化：訊息可設成迎合個人的偏好。
      - ■ 培養關係：面對面可建立人際友誼，深化與顧客關係。
      - ■ 回應性：買方當下的反饋可馬上獲得回應。
    - ○ 網路行銷：
      - ■ 豐富度：可依據個人需求提供相關資訊或娛樂。
      - ■ 互動性：網路互動特性，可根據個人回應改變及更新訊息。
      - ■ 即時：訊息準備與傳達非常快速。

19.2 行銷溝通模式

- ● 行銷溝通對品牌權益相當重要，可以
  - ○ 創造品牌知名度。
  - ○ 形成正面品牌印象。
  - ○ 產生品牌偏好。
  - ○ 對品牌的購買意願。
  - ○ 強化消費者忠誠度。

- ● 溝通模式：溝通程序包含八個基本要素
  - ○ 發訊者(sender)：想要傳送訊息的個人或組織，公司或行銷人員。

- 編碼(encoding)：將所要表達的意思，以某種文字或符號的形式來呈現。
- 訊息(message)：整合行銷溝通的內容。
- 媒體(medium)：或稱「管道」(channel)，聲音、文字、電視、報紙、網路等，經由各種適合的媒體傳送。
- 解碼(decoding)：收訊者將收到的文字或符號，轉換成能理解的意思。
- 收訊者(receiver)：溝通時欲傳達訊息的目標對象，目標消費者。
- 回饋(feedback)：行銷者獲得回饋資訊，以因應、調整後續的溝通。
- 噪音(noise)：或稱高染，是指妨礙、曲解或減緩資訊傳達的事物，例如外界光線、聲音、競爭者的宣傳。

- 常見的消費者反應層級模式(response hierarchy models)有下列四種：
  - AIDA模式：注意→感興趣→渴望→行動
  - 效果階層模式：知曉→瞭解→喜歡→偏好→確信→購買
  - 創新擴散模式：知曉→感興趣→評估→試用→接納
  - 溝通模式：展露→接收→認知回應→態度→意圖→行為

19.3 行銷溝通步驟

- 發展有效溝通有八個步驟：
  - 確認目標觀眾→決定目標→設計溝通方案→選擇溝通管道→制定預算→決定媒體組合→衡量結果→管理整合行銷溝通

- 步驟一：確認目標觀眾

  發展有效溝通程序須從清楚辨識目標觀眾開始
  - 描繪出心目中典型的目標觀眾輪廓
  - 找出潛在觀眾的人口統計變項，如：年齡、性別、收入等。
  - 確認目標消費者的需要與問題。
  - 決定消費者在哪及以何種方式接觸。

- 步驟二：決定目標

  五種可能的目標
  - 告知：向目標消費者傳達有關產品或服務的最新訊息。

- 說服：改變顧客的態度、信念與偏好，影響其購賣行為。
- 提醒：喚起目標顧客對該品牌的記憶，適當時機提醒採取購買行動。
- 強化：目的在向消費者保證，購買的決定是正確的。
- 測試：尋求新的行銷機會、新的行銷訴求、潛在消費者等。

● 步驟三：設計溝通方案

必須解決三個問題

- 訊息策略(要說什麼)：購買者期望從產品中得到四種報酬 – 理性(rational)、感官性(sensory)、社會性(social)或自我滿足(ego satisfaction)。
- 創意策略(該怎麼說)：大致分為
  - 理性訴求 – 詳細說明產品或服務的屬性與利益。
  - 感性訴求 – 激發消費者情緒以促使購買。
- 訊息來源(由誰來說)：訊息被接受程度與訊息來源可信度息息相關，來源可信度三要素為：
  - 專業度 – 溝通者所具有的專業知識。
  - 值得信賴 – 資訊來源被認為客觀誠實的程度。
  - 受人喜愛 – 訊息來源的吸引力。

● 步驟四：選擇溝通管道

溝通管道分為人際或非人際的

- 人員溝通管道 – 涉及直接面對面溝通，或個人對群眾透過電話、郵件、電子郵件的溝通，包含運用直效行銷、個人銷售及口碑行銷。
- 非人員(大眾)溝通管道 – 對不特定的大眾直接溝通，包括廣告、公關、促銷、事件行銷。

● 步驟五：制定預算

行銷預算制定有下列四種方法

- 量入為出法 – 按照公司能負擔的金額來設定溝通預算。缺點是導致年度預算不穩定，難以制定長期計畫。
- 營業額百分比法 – 以特定的營業額或售價百分比來制定溝通支出。好處是讓管理階層思考溝通成本與獲利的關係，缺點是溝通預算並非依據市場機會而決定。

- ○ 競爭平位法 - 以達到與競爭者相同的曝光程度，來設定預算。缺點是每家公司的名聲、資源、機會與目標各有不同，著重於「量」而忽略「質」。
  - ○ 目標任務法 - 行銷人員先定義特定目標，決定所需執行的任務，然後估算任務的執行成本。優點是對金錢花費與目標任務之間關係清楚，同時考慮到消費者、競爭者及組織本身推廣預算。

- 步驟六：決定媒體組合

  從廣告、促銷等七種主要行銷溝通工具著眼來分配預算，考量因素如下：

  - ○ 產品種類。
  - ○ 產品生命週期。
  - ○ 目標市場特徵。
  - ○ 反應層級的階段。
  - ○ 購買決策的類型。
  - ○ 可運用的資金與溝通工具的成本。
  - ○ 推力與拉力策略。

- 步驟七：衡量結果
  - ○ 例如消費者接觸人數和頻率、記憶與認知度、每千人成本等。

- 步驟八：管理整合行銷溝通
  - ○ 善用每一項溝通工具，結合起來做完整的運用。

19.4 整合行銷溝通

- 整合行銷溝通(integrated marketing communications, IMC)：
  - ○ 整合所有推廣活動及訊息，讓消費者產生一致的印象；搭配各種不同形式及說服力之溝通活動，來開發現有及潛在顧客的過程。

- 整合行銷溝通為顧客導向的行銷做法，以目標顧客為中心，考量4C而非從行銷者出發的4P：
  - ○ 消費者需要與欲求(consumer needs and wants)，而非4P中的產品策略(product)。
  - ○ 消費者願意付出的成本(cost)，而非4P中的訂價策略(price)。

- 購買的便利性(convenience)，而非4P中的通路策略(place)。
- 溝通(communication)，而非4P中的推廣策略(promotion)。

19.5 行銷組織與控制

● 行銷部門組織的型態有：

- 功能型：依行銷各個不同專業功能，例如文宣美編、企劃、專案、客戶開發、物流倉儲等，來區分部門。
- 區域型：依地理範圍來組建不同銷售團隊。
- 產品別、品牌別：產品或品牌眾多的公司，每個品牌有獨立的行銷策略，因此需要根據產品或品牌，分別設立行銷管理團隊。
- 顧客別：目標顧客分成不同群體，依據不同類型顧客分設行銷團隊。
- 矩陣式組織：以功能性及產品或品牌各為經緯，建立矩陣式管理組織。

● 行銷控制 (marketing control)：

公司評估各項行銷活動及方案的效果，並做適當改變與調整的程序。

- 年度計劃控制：確保公司達到銷售、獲利以及其他年度目標的分析，主要分析工具為銷售分析、市占率分析、行銷費用占銷售量分析、行銷計畫財務分析。
- 獲利力控制：評量並控制不同產品、地區、消費者團體、交易通路以及訂單大小的獲利力。
- 效率控制：找出增加銷售團隊、廣告、促銷及產品配銷效率的方法。
- 策略性控制：定期檢視公司及其市場策略方式。

複習題目

( ) 1.整合行銷溝通中,以4C來取代4P,4C中,以何者來取代傳統行銷「通路」概念?
　　(1)消費者需要與欲求。
　　(2)消費者成本。
　　(3)購買便利性。
　　(4)傳播溝通。

( ) 2.依地理範圍,例如北區、中區、南區,來組建不同銷售團隊式,是何種行銷部門的組織型態?
　　(1)功能型。
　　(2)區域型。
　　(3)顧客別行銷組織。
　　(4)矩陣式組織。

( ) 3.公司贊助活動或節目,以提高與消費者日常的互動,是為哪一種行銷溝通?
　　(1)廣告。
　　(2)促銷。
　　(3)事件行銷。
　　(4)人員銷售。

( ) 4.以電話、電子郵件、郵件等,對特定顧客或潛在顧客直接進行溝通,是為哪一種行銷溝通?
　　(1)廣告。
　　(2)公關。
　　(3)人員銷售。
　　(4)直效行銷。

( ) 5.整合行銷溝通中,以4C來取代4P,4C中,以何者來取代傳統行銷「產品」概念?
　　(1)消費者需要與欲求。
　　(2)消費者成本。
　　(3)購買便利性。
　　(4)傳播溝通。

( ) 6.下列的各個陳述,哪一個是指公共關係的特性?
　　(1)可發送客製化的個人訊息。
　　(2)提供各種折讓,對消費者具吸引力。
　　(3)新聞報導的可信度高於廣告。
　　(4)能多次重覆訊息給消費者。

( ) 7.下列何者不屬於行銷溝通組合?
　　(1)廣告。
　　(2)物流配送。
　　(3)口碑營造。

(4)公關。

（　） 8.激發消費者情緒以促使購買，是何種廣告訴求？
(1)理性訴求。
(2)感性訴求。
(3)正面訴求。
(4)雙面論訴訴求。

（　） 9.將接收到的文字或符號，轉換成能理解的意思，是哪個溝通要素？
(1)編碼。
(2)解碼。
(3)回饋。
(4)訊息。

（　） 10.下列何者是以人際來進行銷售？
(1)廣告。
(2)公關。
(3)事件行銷。
(4)直效行銷或人員銷售。

（　） 11.評估各項行銷活動及方案的效果，並做適當改變與調整的是哪一
個活動？
(1)行銷控制。
(2)行銷計畫。
(3)行銷組織。
(4)行銷策略。

（　） 12.設定行銷溝通預算時，以達到與競爭者相同的曝光程度來設定預
算，是哪種方法？
(1)量入為出法。
(2)營業額百分比法。
(3)競爭平位法。
(4)目標任務法。

（　） 13.短期刺激例如樣品或折價券，以鼓勵試用或購買產品，是哪一種
行銷溝通？
(1)廣告。
(2)促銷。
(3)公益行銷。
(4)人員銷售。

（　） 14.整合行銷溝通中，以4C來取代4P，4C中，以何者來取代傳統行銷
「促銷」概念？
(1)消費者需要與欲求。
(2)消費者成本。
(3)購買便利性。
(4)傳播溝通。

（　） 15.依品牌別來組建行銷團隊，最主要是因為以下什麼原因？

(1)目標顧客群體差異大。

(2)市場上屬領導品牌。

(3)公司品牌眾多，每個品牌有獨立的行銷策略。

(4)品牌銷量差異大。

( ) 16.整合行銷溝通中，以4C來取代4P，4C中，以何者來取代傳統行銷「訂價」概念？

(1)消費者需要與欲求。

(2)消費者成本。

(3)購買便利性。

(4)傳播溝通。

( ) 17.將所要表達的意思以文字或符號形式來呈現，是哪個溝通要素？

(1)編碼。

(2)解碼。

(3)回饋。

(4)訊息。

( ) 18.以各種手段，提供誘因，讓消費者當下產生交易意願，是哪項行銷溝通工具特性？

(1)廣告。

(2)公關。

(3)促銷。

(4)事件行銷。

( ) 19.主要以說明產品或服務的屬性與利益者，是何種廣告訴求？

(1)理性訴求。

(2)感性訴求。

(3)正面訴求。

(4)雙面論訴訴求。

( ) 20.設定行銷溝通預算時，先定義行銷目標與任務，然後估算執行成本，是哪種方法？

(1)量入為出法。

(2)營業額百分比法。

(3)競爭平位法。

(4)目標任務法。

複習題目解答

1	2	3	4	5	6	7	8	9	10
3	2	3	4	1	3	2	2	2	4
11	12	13	14	15	16	17	18	19	20
1	3	2	4	3	2	1	3	1	4

第二十章 廣告與公共關係

廣告是最主要的行銷支出，而公共關係的影響力，不低於廣告。本章討論廣告與公共關係，對於廣告的類型進行簡要介紹，並討論廣告預算與廣告播放。其次，本章討論公共關係，以及行銷公關。公共關係與行銷公關，雖非直接購買廣告時段或廣告平台來播放廣告，但影響力更勝於廣告[20]。

20.1 廣告

- 廣告有三個主要功能：
  - 辨識：消費者可藉此辨認出特定商品或商店。
  - 資訊：提供產品或服務的相關資訊。
  - 說服：以各種訴求讓消費者喜好、購買自家產品。

- 廣告主要形式有：
  - 機構廣告：推廣組織的形象、商譽或理念，而非某特定產品，分為
    - 形象廣告 － 建立、改變、維持企業整體形象。
    - 支持性廣告 － 防止消費者可能產生的負面態度，可能是針對批評或指責做回應。
  - 產品廣告：強調個別產品或服務的利益。
    - 開創性廣告 － 刺激對新產品或新產品類別的初級需求，告知產品利益、引發對產品興趣。
    - 說服性廣告、勸說性廣告(Persuasive advertising) － 以說服為目標的廣告，從消費者的切身利益出發，說服消費者。
    - 比較性廣告 － 以直接或間接的方式，將公司品牌與他牌作比較，以凸顯自家產品優點。
    - 提醒性廣告 － 試圖使目標消費者保持對品牌的熟悉感。
  - 公共服務廣告 － 針對社會關心的議題，企業出錢推廣或表達企業立場。

- 廣告訴求可分為

---

[20] 本章重點綱要與考題由陳才教授整理。

○ 產品導向：介紹產品及其特質，主要訴說產品能為消費者提供什麼利益。
○ 期盼導向：以消費者為中心，使用各種訴求以強調瞭解消費者需求。

20.2 廣告預算與展示

● 發展一份廣告方案有所謂5M，代表五個步驟
  ○ 任務(mission)：廣告的目標是什麼？
  ○ 金錢(money)：廣告預算有多少？如何配置？
  ○ 訊息(message)：要傳達什麼訊息？
  ○ 媒體(media)：用什麼媒體？
  ○ 衡量(measurement)：如何評估廣告結果？

● 影響廣告預算的因素
  ○ 產品生命週期階段：新產品需要較多的廣告預算打開知名度。
  ○ 市場占有率：高市場佔有率的品牌需要較少的廣告預算。
  ○ 市場競爭：高度競爭的市場品牌需要大量廣告才會被注意到。
  ○ 廣告頻率：廣告預計播出的頻率影響預算多寡。
  ○ 產品替代性：差異性不大的產品或民生消費品，需要大量的廣告以建立獨特形象。

● 如何計算廣告播出效果？
  ○ 觸及(reach)：至少接收一次訊息的個人或家戶的數量。
  ○ 頻率(frequency)：個人或家戶接收訊息的平均次數。
  ○ 影響力(impact)：透過特定媒體的曝光所帶來的不同影響力。
  ○ 總曝光數：觸及乘以頻率。電視媒體稱為總收視點(gross rating point, GRP)。
  ○ 加權曝光數：觸及乘以平均頻率再乘以平均影響力。
  ○ 收視率 (rating)：收視某一節目的比例。
  ○ 千人成本(cost permille, CPM)：廣告傳達到每一千人所需的成本。

● 廣告播出時程：撥出時段的安排，有四種模式：
  ○ 連續播出(continuity)：在一段時間內，廣告平均地連續曝光。通常用於擴大市場，或屬經常性購買之商品廣告。

- ○ 集中播出(concentration)：短時間內花完全部廣告預算。通常用於僅銷售一季或節慶性商品。
- ○ 間隔播出(flighting)：廣告播出一波一波地，每波中間有空檔。通常因為廣告預算有限、購買週期不頻繁或季節性商品。
- ○ 脈動播出(pulsing)：像是脈搏一樣，安排持續的小規模廣告，並在重要活動時增加廣告量，利用連續小規模廣告及間隔的大規模廣告，創造出折衷的排程策略，目的在降低廣告成本。

20.3 公共關係

- ● 公關與廣告的差異
  - ○ 媒體：公關與新聞媒體打交通，廣告則是購買付費媒體。
  - ○ 對訊息掌控權：公關對訊息的掌控權較低，廣告可完全控制。
  - ○ 溝通目標：公關在於與各界增進瞭解建立良好關係，廣告以販售商品為主。
  - ○ 目標對象：公關對象為企業利害關係人，廣告則以消費者為主。

- ● 企業公關部門有下列功能
  - ○ 媒體關係：影響媒體報導，以正面的觀點呈現企業的新聞及資訊。
  - ○ 產品發佈：召開記者會或產品發表、贊助活動，以達宣傳目的。
  - ○ 企業溝通：透過內部或外部溝通，促進對企業的認識。
  - ○ 政治遊說：與民意代表或政府官員溝通，影響法令規章的制定。
  - ○ 危機處理：回應或消解企業發生的不利或負面事件。
  - ○ 提供諮詢：擔任幕僚，向管理階層建議公司在公眾議題應抱持的立場、公司定位及形象。

- ● 公關人員的角色類型
  - ○ 專業策劃者：負責界定問題，擬定策略。
  - ○ 溝通促進者：介於企業與公眾之關，擔任溝通橋樑。
  - ○ 解決問題者：提供管理者實際解決方案。
  - ○ 溝通技術專員：負責發稿、辦活動、媒體聯繫等執行層面。

● 公關溝通原則
  ○ 傳播的內容是否合適。
  ○ 與主題是否相契合？是否符合受眾的興趣？
  ○ 資訊是否容易記憶？
  ○ 資訊是否淺顯易懂？
  ○ 是否可信度高？受眾是否相信？

● 危機處理是處理不利於企業的公共報導的努力，藉由快速而準確的溝通，將危機的負面影響降到最低。危機處理的一般準則如下：
  ○ 提早行動：避免事件一發不可收拾。
  ○ 高層出面：企業高層出面解釋或說明處理方式，可以展現誠意。
  ○ 避免搪塞：不能以「不予回應」來搪塞媒體。
  ○ 展現誠意：寧可「矯枉過正」，也不要讓社會大眾感覺到公司不願意處理問題。
  ○ 團隊合作：危機處理涉及各部門，要發揮團隊合作精神，而非只有公關部門單打獨鬥。

20.4 行銷公關

● 企業或產品在推廣並形塑形象時，常藉助於行銷公關(marketing public relations, MPR)，行銷公關的策略是否攻擊多於防禦，主動積極創造宣傳機會，主要的工具有：
  ○ 出版品：公司簡介、年報、刊物等。
  ○ 事件舉辦：記者招待會、展示會、展覽、周年慶活動等。
  ○ 活動贊助：贊助文化或運動賽事提升公司形象。
  ○ 新聞報導：創造及找出對公司有利且值得報導的新聞角度。
  ○ 公共服務：發起或參與公益及公共服務活動。
  ○ 品牌識別：商標品牌與企業視覺識別系統。

複習題目

( ) 1.危機處理是處理不利於企業的公共報導的努力，以下何者「不是」
危機處理的合適方法：
(1)提早行動：問題發生立即行動，避免事件一發不可收拾。
(2)盡量「不予回應」，避免媒體得到太多資訊。
(3)展現誠意：寧可「矯枉過正」，也不要讓社會大眾感覺到公司
不願意處理問題。
(4)企業高層出面解釋或說明處理方式，可以展現誠意。

( ) 2.公關(public relations)的主要職責為何？
(1)提早因應公共議題危機：避免事件一發不可收拾。
(2)強化消費者的購買意願。
(3)協助降低廣告或促銷活動所需要的預算。
(4)協助增進大眾對產品的滿意程度與再購意願。

( ) 3.將公司品牌與他牌作比較是哪種形式廣告？
(1)形象廣告。
(2)強化性廣告。
(3)比較性廣告。
(4)提醒性廣告。

( ) 4.電視廣告總收視點(gross rating points)的計算是：觸及率(家戶或個
人)與何者的乘積？
(1)平均曝光頻率。
(2)平均影響力。
(3)平均單位成本。
(4)平均閾上知覺。

( ) 5.公共關係部門重視媒體關係，主要是因為？
(1)管理者的人際關係考量。
(2)各企業都設有公關部門。
(3)影響新聞媒體對公司進行友善報導。
(4)直接銷售公司產品。

( ) 6.一般而言，下列何者不是公關的主要業務範圍？
(1)公司簡介及年報發行。
(2)協助辦理記者招待會、展示會。
(3)設計企業視覺識別系統。
(4)策畫年度銷售競賽與價格促銷活動。

( ) 7.下列何者不是危機處理的一般準則？
(1)不予回應。
(2)提早行動。
(3)高層出面。
(4)展現誠意。

( ) 8.對一般企業推廣而言，下列陳述何者為真？

(1)廣告的優點是預算較低。

(2)對消費者來說，公共報導（新聞報導）較具可信度。

(3)價格促銷可以達到長期的銷售促進效果。

(4)辦單次活動的事件行銷，觸及範圍較廣，影響較深遠。

( ) 9.僅銷售一季或節慶性商品之廣告播出時程，應採何種方式為宜？

(1)連續式(continuity)。

(2)集中式(concentration)。

(3)間隔式(flighting)，全年度每隔一段時間播放。

(4)脈動式(pulsing)，安排持續的小規模廣告，並在重要活動時增加廣告量。

( ) 10.衡量廣告效果時，計算至少接收一次訊息的個人或家戶的數量，屬於什麼？

(1)頻率（frequency）。

(2)觸及（reach）。

(3)影響力（impact）。

(4)連續性（continuity）。

( ) 11.目的在創造消費者對產品或服務的喜愛、偏好與購買的是屬於哪一種廣告？

(1)告知性廣告。

(2)說服性廣告。

(3)提醒性廣告。

(4)比較性廣告。

( ) 12.「機構廣告」主要目的在於？

(1)推廣組織的形象、商譽或理念。

(2)強調產品或服務的利益。

(3)使消費者保持對品牌的熟悉感。

(4)刺激對新產品的初級需求。

( ) 13.企業刊登「形象廣告」的最主要目的何在？

(1)試圖使目標消費者保持對品牌的熟悉感。

(2)與他牌作比較，以凸顯自家產品優點。

(3)強調個別產品或服務的利益。

(4)建立、改變、維持企業整體形象。

( ) 14.發展一份廣告方案，首先要確認「任務」（mission），這指的是什麼？

(1)廣告想要的最終目標是什麼？

(2)廣告預算有多少？如何配置？

(3)用什麼媒體？

(4)如何評估廣告結果？

( ) 15.經常性購買商品之廣告播出時程，應採何種方式為宜？

(1)連續式(continuity)。

(2)集中式(concentration)。

(3)間隔式(flighting)。

(4)脈動式(pulsing)。

( ) 16.下列何者不是廣告主要功能？

(1)辨識。

(2)資訊。

(3)說服。

(4)分析。

( ) 17.以下何者不是廣告加權曝光數(weighted number of exposures)的函數？

(1)觸及(reach)。

(2)頻率(frequency)。

(3)影響力(impact)。

(4)知名度(famous)。

( ) 18.下列何者不是影響廣告預算的主要因素？

(1)產品生命週期。

(2)產品製造技術。

(3)市場占有率。

(4)市場競爭態勢。

( ) 19.以消費者為中心，強調瞭解消費者需求的廣告訴求導向是哪一種導向？

(1)產品導向。

(2)服務導向。

(3)期盼導向。

(4)競爭導向。

( ) 20.發展一份廣告方案有五個步驟，稱為5M，請問不包括何者？

(1)任務 （mission） 。

(2)金錢 （money） 。

(3)模特兒代言人(model)。

(4)媒體 （media） 。

複習題目解答

1	2	3	4	5	6	7	8	9	10
2	1	3	1	3	4	1	2	2	2
11	12	13	14	15	16	17	18	19	20
2	1	4	1	1	4	4	2	3	3

第二十一章 促銷及事件行銷

對許多行銷工作者來說，促銷是最常見的行銷活動。本章針對促銷的種類進行介紹，並說明事件行銷與贊助。所謂的促銷，並非單純只是降價，可用的促銷工具相當多，促銷表現的形式也非常多。另外，贊助指企業以提供金錢、物資的方式支持某個事件(如運動會、音樂會)，也是重要的行銷活動[21]。

21.1 促銷

● 促銷是用來刺激消費者對特定商品有更快與更多的購買。
  ○ 促銷提供購買誘因。
  ○ 廣告提供購買理由，說服購買。

● 促銷不一定是針對消費者，也可以針對通路。
  ○ 促銷分為「消費者促銷」以及「交易促銷」。
  ○ 消費者促銷：針對消費者，提供促銷誘因。
  ○ 交易促銷：直接以行銷通路的成員(批發商及零售商)作為促銷的對象。

● 消費者促銷：主要的消費者促銷工具
  ○ 樣品：提供免費的產品或服務。
  ○ 優惠券：購買特定商品時減價的證明。
  ○ 現金回饋：憑購買證明退回部分現金。
  ○ 優惠價包裝：相同商品或不同商品組合以較低的價格販售。
  ○ 贈品：提供免費商品做為購買某產品的誘因。
  ○ 常客方案：獎勵高頻率及高密集度購買者的方案。
  ○ 獎品：以比賽、抽獎、遊戲等方式讓消費者贏得現金或各類商品。
  ○ 積點方案：購買特定商品或品牌到達某比例或金額則贈送某些商品。
  ○ 免費試用：免費發送產品或服務給人使用以鼓勵購買。
  ○ 產品保證：保證指定期間可以退貨或免費維修。

---

[21] 本章重點綱要與考題由陳才教授整理。

- 聯合促銷：結合兩個或多個品牌或公司，聯合提供各項優惠。例如多個品牌同時促銷，並分攤行銷宣傳成本。
  - 交叉促銷：以不同品牌或產品來相互推廣。例如買A產品時，送B產品折價券。買B產品時，送A產品折價券。
  - 購物點陳列與現場展示：購買點或零售點的陳列與展示。

- 交易促銷：針對通路（經銷商、零售商之類）的交易促銷。主要推廣工具：
  - 折價：在特定期間內，除了正常的利潤外，直接按照標價打折，以優惠中間商或零售商。
  - 折讓或津貼：在特定期間內，零售商推廣製造商產品時，製造商給予的報酬。
  - 免費商品：在特定期間內，進貨到某一數量時，製造商額外贈送的商品。例如銷售量達到多少之後，免費贈送另一商品，或者贈送旅遊。
  - 銷售競賽：在特定期間內，根據下游通路銷售量進行排行榜競賽，並給予獎金或獎勵。

- 促銷的目標：
  - 有助於新產品的導入、鼓勵消費者試用。
  - 鼓勵消費者再購。
  - 降低競爭者的競爭衝擊。
  - 消化庫存。
  - 增加消費者消費量。
  - 強化其他溝通工具的效用。

- 價格促銷是最常採用的促銷方式，採用價格促銷的原因：
  - 企業短期獲利壓力大。
  - 廣告成本不斷攀升，直接降價若能達到效果，與其把預算放在廣告，不如直接降價。
  - 促銷效果容易衡量。

21.2 事件行銷與贊助

- 贊助：
  - 係指企業以提供金錢、物資的方式支持某個事件(如運動會、音樂會)。

- 事件行銷：

- ○ 是以所贊助的事件作為行銷計畫的主軸，或者自行舉辦事件（活動）以推廣品牌或產品。

- 事件行銷成功要素：
  - ○ 關聯：活動與品牌精神及形象相關。
  - ○ 共鳴：事件可以引起目標消費者共鳴。
  - ○ 創意：活動設計要具原創性。
  - ○ 話題：要有吸引大眾及媒體的亮點。
  - ○ 誘因：提供贈品等誘因增加參與意願。

- 企業贊助各項事件或活動的理由有：
  - ○ 接觸目標消費者：參與活動的人員或觀眾與品牌的目標消費者相同，可以藉此機會接觸。
  - ○ 增加曝光：因為活動現場或轉播，可增加公司或品牌名稱的曝光度。
  - ○ 商品陳列：增加商品於活動現場的陳列、銷售、促銷的機會。有些活動可以於現場陳列、促銷、銷售。有些可以陳列但不能銷售。有些活動不能陳列。
  - ○ 品牌聯想：創造或強化品牌與活動性質、屬性的連結與聯想。
  - ○ 企業形象：藉由贊助優良或受矚目的活動強化企業形象。

- 衡量贊助活動的方法
  - ○ 供給面方法：衡量事件出現於媒體報導的秒數或版面大小，可轉換程相同的廣告價值。
  - ○ 需求面方法：直接衡量活動參與者對品牌瞭解、態度或記憶的成效。

複習題目解答

( ) 1.新產品推出時，採取價格促銷的主要原因？
    (1)鼓勵消費者試用。
    (2)降低競爭者的競爭衝擊。
    (3)清除庫存。
    (4)提升品牌的品質形象。

( ) 2.以下哪一種促銷活動，最能夠增加消費者的長期購買意願。
    (1)折價。
    (2)贈品。
    (3)常客方案。
    (4)現金回饋。

( ) 3.主要旨在鼓勵顧客增加購買頻率及密集度的促銷工具為？
    (1)贈品。
    (2)現金回饋。
    (3)積點方案。
    (4)優惠價包裝。

( ) 4.衡量「活動參與者」對品牌瞭解、態度或記憶，適用於何種行銷工具的成效評估？
    (1)事件行銷。
    (2)人員銷售。
    (3)價格促銷。
    (4)直效行銷。

( ) 5.下列何者「不是」企業贊助運動賽事的主要原因？
    (1)藉由贊助優良的活動強化企業形象。
    (2)活動轉播可增加品牌的曝光度。
    (3)強化品牌與活動性質、屬性的連結與聯想。
    (4)運動賽事是進行直接的人員銷售的最佳場合。

( ) 6.分次購買，累積購買到達某金額，則贈送某些商品的促銷，稱為？
    (1)產品保證。
    (2)獎品。
    (3)積點方案。
    (4)現金回饋。

( ) 7.兩個或多個品牌或公司聯合提供各項優惠稱為
    (1)贈品。
    (2)聯合促銷。
    (3)常客方案。
    (4)免費商品。

( ) 8.下列何者行銷工具最能快速而有效得增加短期消費量，消化庫存？
    (1)廣告。
    (2)促銷。

(3)公關。

(4)善因行銷(公益行銷)。

( ) 9.下列何者行銷工具最能促進企業的短期獲利能力？

(1)廣告。

(2)促銷。

(3)公關。

(4)善因行銷(公益行銷)。

( ) 10.下列何者「不是」企業促銷對象？

(1)消費者。

(2)批發商。

(3)零售商。

(4)製造商。

( ) 11.最容易以短期銷售金額衡量成效的是何者行銷工具？

(1)公關活動。

(2)促銷。

(3)媒體廣告。

(4)善因行銷(公益行銷)。

( ) 12.以下何者「不是」企業採用價格促銷的主要原因？

(1)企業短期獲利壓力大。

(2)廣告成本不斷攀升，直接降價若能達到效果，與其把預算放在
廣告，不如直接降價。

(3)促銷效果容易衡量。

(4)希望提升品牌形象，給予產品高品質的聯想。

( ) 13.下列何者不是製造商對零售商的主要促銷推廣工具？

(1)折價。

(2)折讓或津貼。

(3)下次再購優惠券。

(4)免費商品。

( ) 14.以批發商及零售商作為促銷的對象，是指？

(1)消費者促銷。

(2)產品促銷。

(3)人員促銷。

(4)通路商促銷。

( ) 15.下列何者不是事件行銷的主要目的？

(1)增加公司或品牌名稱的曝光度。

(2)強化企業形象。

(3)得到現場的陳列或促銷的機會。

(4)獲得立即而短暫的銷售量增加。

( ) 16.下列何者最可能作為衡量事件行銷成效的方法之一？

(1)計算媒體報導的秒數或版面大小等同之廣告價值。

(2)進行消費者滿意度調查。

(3)比較各銷售通路的銷售量。
　　　(4)計算客訴電話減少的比例。

(　) 17.下列何者「不是」製造商對通路商促銷的方法？
　　　(1)按照標價打折，以優惠中間商或零售商，作為中間商或零售商
　　　　的利潤。
　　　(2)進貨到某一數量時，額外贈送商品。
　　　(3)可以免費試用，或是延長保固期間，保固期間可以免費維修。
　　　(4)零售商推廣製造商產品時，給予折讓或津貼。

(　) 18.以不同品牌或產品來相互推廣的方式為
　　　(1)贈品。
　　　(2)交叉促銷。
　　　(3)常客方案。
　　　(4)免費商品。

(　) 19.以下何者「不是」企業贊助活動的理由？
　　　(1)贊助活動造成企業形象損傷，降低企業聲譽。
　　　(2)藉由贊助優良或受矚目的活動強化企業形象。
　　　(3)增加商品於活動現場的陳列或促銷的機會。
　　　(4)參與活動的人員或觀眾與品牌的目標消費者相同，可以藉此機
　　　　會接觸。

(　) 20.以下何者「不是」企業贊助活動的理由？
　　　(1)參與活動的人員或觀眾與品牌的目標消費者相同，可以藉此機
　　　　會接觸。
　　　(2)因為活動現場或轉播，可增加公司或品牌名稱的曝光度。
　　　(3)創造或強化品牌與活動性質、屬性的連結與聯想。
　　　(4)打消庫存，增加短期銷售量。

複習題目解答

1	2	3	4	5	6	7	8	9	10
1	3	3	1	4	3	2	2	2	4
11	12	13	14	15	16	17	18	19	20
2	4	3	4	4	1	3	2	1	4

第二十二章 直效行銷及人員銷售

實體通路的人員銷售，以及沒有實體通路店面的直效行銷，也是產品銷售的管道。本章討論各種類型的直效行銷，並討論通路人員銷售。另外，如何設計銷售人員的薪資獎酬制度，是直效行銷與人員銷售成功的關鍵，而善用現有的顧客資料庫，運用於銷售活動，也能提升銷售效率[22]。

22.1 直效行銷

● 直效行銷(direct marketing)：
  ○ 利用直接接觸消費者的管道，沒有透過中間商，將產品或服務販售及傳遞給消費者。
  ○ 直效行銷通常適用七天鑑賞期的規範。
    ■ 消費者保護法的規範。
  ○ 直銷只是其中一部分。

● 直效行銷通路包括：
  ○ 直接郵購。
  ○ 型錄。
  ○ 電話訪問行銷。
  ○ 人員訪問銷售。
  ○ 電視購物。
  ○ 網路購物與行動購物。

● 直效行銷的優勢：
  ○ 可提供客製化訊息給每一位顧客。
  ○ 可在適當時機即時傳送資訊給潛在顧客。
  ○ 如果是人員銷售或電話銷售，此時競爭對手無法得知直效行銷的服務和策略。
  ○ 可直接測量不同銷售活動的反應。
  ○ 省去零售店面成本。

● 直播電商：近年來興起的娛樂業直播加上電商販售的直播帶貨模式。有如下特性：

---

[22] 本章重點綱要與考題由陳才教授整理。

- 直播主：以網紅、藝人、名人等高知名度及有追隨粉絲的為主。
  - 互動性：觀眾與直播主有直接互動。
  - 娛樂性：除了商品硬式銷售，直播內容要有趣及具可看性。

- 客服中心之電話行銷人員任務有兩類：
  - 向內電話行銷 (inbound telemarketing)：
    - 接收顧客詢問電話。
    - inbound是指電話打進來。
  - 向外電話行銷 (outbound telemarketing)：
    - 對潛在消費者推銷。
    - outbound是指電話打出去。

- 多層次傳銷(multilevel direct marketing或multilevel marketing)：
  - 透過傳銷商介紹他人參加，建立多層級組織以推廣、銷售商品或服務之行銷方式。
  - 有特殊的管理辦法：多層次傳銷管理法。

22.2 人員銷售

- 人員銷售
  - 是指以面對面的業務拜訪方式，找出潛在顧客並完成交易。
  - 銷售團隊成員，並非所有人的工作都是直接向客戶推銷。
    - 有些人扮演支援角色。

- 銷售代表 (sales representative)可分為六類：
  - 運送者：負責運送產品。
  - 訂單接受者：在公司內或在客戶處接受訂單。
  - 宣導者：教育顧客或潛在消費者如何使用產品。
  - 技術人員：支援客戶操作或維護產品的人員。
  - 需求創造者：以創意的方式銷售產品與服務的人員。
  - 解決方案提供者：提供系列產品或服務(如電腦系統)的銷售人員。

- 銷售人員有下列幾項主要任務：
  - 開發客戶：尋找潛在顧客或發掘新商機。
  - 溝通：傳遞產品或服務的資訊給潛在顧客。
  - 銷售：與顧客互動，展示產品、回答疑問，以完成交易。

- 服務：售前及售後提供客戶各種相關的諮詢服務或技術支援。
    - 資訊蒐集：做市場調查，蒐集市場重要情報。

- 有效銷售的主要步驟有六：
    - 開發評估：辨識與審核潛在顧客。
    - 行前規劃：銷售人員必須徹底瞭解潛在顧客採購程序中的 4W1H「誰、何時、何地、如何、為何」，以設定拜訪目標。
    - 介紹展示：將產品從四個方面介紹給顧客。
        - 特色：產品所提供的實質特點。
        - 優點：產品特色對顧客提供的好處。
        - 利益：產品提供的經濟的、技術的、服務的或社會的利益。
        - 價值：顧客購買產品後，換算成實際金錢報償的值得性 (worth)。
    - 克服障礙：顧客對不同公司交易或購買新產品或服務的障礙。
        - 心理抗拒：例如對已建立的供應來源或品牌有偏好、不積極、不喜推銷、不喜做決策等。
        - 理性抗拒：對價格、交貨條件、產品品質或公司聲譽不滿意等。
    - 完成交易：銷售人員可以額外服務、加量等誘因促成交易。
    - 後續維繫：產品購後運送、安裝等工作，銷售人員應安排後續拜訪以確保顧客滿意，同時也開展再次購買的機會。

22.3 銷售人員薪資結構

- 銷售人員報酬有四項來源：
    - 固定薪資：基本底薪及加級。基本底薪必須注意台灣的基本工資規範。
    - 變動薪資：佣金、獎金或分紅。
    - 費用津貼：交通費或交際費。
    - 福利：生病醫療補助、意外補助、退休金等等。

- 銷售人員報償制度有三種：
    - 本薪制：提供銷售人員穩定薪水，可要求從事與銷售任務關係不大的工作。適用於非販售性業務、高技術性及團隊合作的職位。

- 純佣金制：提供更高的激勵與工作動機，減少公司監督與控制的成本。請注意採用純佣金制時，必須考慮是否違反台灣的勞動法規。
    - 混合制：視產品特性或公司目標、策略，提供本薪與佣金比例不同的組合。請注意採用混合制時，必須注意台灣的基本工資規範。

- 內在與外在報酬，
    - 包括現金、升遷、個人成長、成就感、喜歡與尊敬、安全感、認同感。

22.4 資料庫行銷

- 資料庫行銷(database marketing)：
    - 建立資料庫，收集顧客資料、交易資料、供應商資料、中間商資料、下游廠商資料庫，以達成與顧客接觸、交易及建立關係的目的。
    - 資料倉儲(data warehouse)：公司將蒐集到的資訊，進行有系統的整理與存放，此資料可讓行銷人員可以取得、查詢和分析顧客的需求及反應。
    - 資料探勘(data mining)：利用各種分析技術，從大量的顧客資料與顧客交易資料進行分析，找出對行銷人員有用的資訊。

複習題目

( ) 1.銷售人員的佣金及獎金，屬於哪類報償？
(1)固定薪資。
(2)變動薪資。
(3)費用津貼。
(4)福利。

( ) 2.大部分的情況下，最能激勵銷售人員的措施為？
(1)銷售獎金。
(2)名義上的升遷。
(3)賣出產品的成就感。
(4)賣出產品的安全感。

( ) 3.關於銷售人員報酬的陳述，何者正確？
(1)通常是績效獎金，完全沒有底薪。
(2)通常是固定薪資，沒有獎金。
(3)通常是底薪加上績效獎金。薪資必須符合勞基法規範。
(4)通常沒有底薪，而且完全不必在乎勞基法規定。

（　　）4.以下哪一種薪資制度，可以適用於非販售性業務及高技術性之行銷
人員的薪俸制度。
(1)純佣金制（但須符合政府勞動法規）。
(2)本薪制。
(3)本薪佣金混合制。
(4)固定薪資制。

（　　）5.哪一種薪資制度，可要求銷售人員從事與銷售任務關係不大的工
作。適用於非販售性業務、高技術性及團隊合作的職位。
(1)純佣金制，無底薪。
(2)極低底薪，由績效獎金組成薪資結構。
(3)銷售的論件計酬制。
(4)本薪制：提供銷售人員穩定薪水。

（　　）6.公司將蒐集到的資訊，進行有系統的整理與存放，此資料可讓行銷
人員可以取得、查詢和分析顧客的需求及反應。請問這是什麼？
(1)資料倉儲。
(2)企業資源規劃。
(3)顧客關係管理。
(4)供應鏈管理。

（　　）7.電視購物屬於何種推廣方式？
(1)多層次傳銷。
(2)直效行銷。
(3)人員銷售。
(4)促銷。

（　　）8.給付給銷售人員的交通費或交際費，屬於什麼項目？
(1)固定薪資。
(2)變動薪資。
(3)費用津貼。
(4)福利。

（　　）9.建置顧客資料庫，對企業行銷推廣最大的優勢為？
(1)後續服務。
(2)交叉銷售。
(3)瞭解顧客使用滿意度。
(4)改善產品品質。

（　　）10.關於有效的人員銷售的陳述，何者正確？
(1)銷售對象是亂槍打鳥，隨意拜訪。
(2)不必在乎顧客是誰，只要勤奮拜訪就對了。
(3)拜訪銷售的成功與否，完全是運氣，無法事先決定。
(4)銷售人員必須徹底瞭解潛在顧客採購程序中的4W1H「誰、何
時、何地、如何、為何」，以設定拜訪目標，才容易成功。

( ) 11.建立資料庫,收集顧客資料、交易資料、供應商資料、中間商資料、下游廠商資料庫,以達成與顧客接觸、交易及建立關係的目的。這是指什麼？
(1)資料庫行銷。
(2)行銷再造。
(3)行銷溝通。
(4)企業資源規劃。

( ) 12.街頭訪問銷售(街頭兜售)屬於何種推廣方式？
(1)多層次傳銷。
(2)直效行銷。
(3)人員銷售。
(4)促銷。

( ) 13.利用各種分析技術,從大量的顧客資料與顧客交易資料進行分析,找出對行銷人員有用的資訊。
(1)資料探勘。
(2)資料倉儲。
(3)物聯網。
(4)IoT。

( ) 14.通過電子郵件傳送商品訊息,屬於何種推廣方式？
(1)多層次傳銷。
(2)直效行銷。
(3)人員銷售。
(4)促銷。

( ) 15.透過傳銷商介紹他人參加,建立多層級組織以推廣、銷售商品或服務之行銷方式。這屬於哪一種的推廣方式？
(1)多層次傳銷。
(2)直效行銷。
(3)人員銷售。
(4)促銷。

( ) 16.以下哪一種薪資制度,可以對銷售人員提供更高激勵,並減少公司監督成本。
(1)純佣金制（但須符合政府勞動法規）。
(2)本薪制。
(3)本薪佣金混合制。
(4)固定薪資制。

( ) 17.客戶對價格、交貨條件、產品品質不滿意,屬於何種障礙？
(1)感情抗拒。
(2)心理抗拒。
(3)理性抗拒。
(4)情緒抗拒。

（　）18.銷售人員的生病醫療補助、意外補助、退休金等等，屬於銷售人員薪資結構中的什麼項目？
　　　(1)固定薪資。
　　　(2)變動薪資。
　　　(3)費用津貼。
　　　(4)福利。

（　）19.顧客的心理抗拒會造成銷售人員障礙，下列何者屬於心理的抗拒，而非理性的抗拒？
　　　(1)對價格不滿意。
　　　(2)對產品品質不滿意。
　　　(3)對合約後續服務條款不滿意。
　　　(4)對以前供貨來源或品牌有心理上的偏好。

（　）20.進行人員銷售時，以下陳述何者「錯誤」？
　　　(1)除了業務人員外，其他人員都不需聘任。
　　　(2)除了業務人員，可能聘任技術人員，也就是支援客戶操作或維護產品的人員。
　　　(3)除了業務人員，可能還聘有工作人員，在公司內或在客戶處接受訂單。
　　　(4)除了業務人員，還需要運送人員來負責運送產品。

複習題目解答

1	2	3	4	5	6	7	8	9	10
2	1	3	2	4	1	2	3	2	4
11	12	13	14	15	16	17	18	19	20
1	3	1	2	1	1	3	4	4	1

第二十三章 網路與數位行銷

網路時代，行銷工作不再是僅限於實體。網路廣告的重要性與經費比重，已經超過所有線下實體廣告的總和。因此，本章將介紹網路與數位行銷，包括網路行銷、社群行銷、網路口碑、行動行銷等[23]。

23.1 網路行銷

● 網路宣傳活動
- ○ 付費：許多網路宣傳活動，是付費刊登的
- ○ 非付費：但也有一些時候，在網路上宣傳資訊，不一定需要付費進行廣告。
  - ■ 有些網路訊息管道是公司所擁有的。

● 公司進行網路行銷溝通的媒體，可區分為三類：
- ○ 付費媒體(paid media)：花錢購買到的在網路上推廣的版面或時段。
  - ■ 產品的新聞報導，有可能是廠商主動付費購買，此時屬於付費媒體。
- ○ 自有媒體(owned media)：公司自己擁有的媒體如官網、臉書粉絲頁。
- ○ 賺得媒體(earned media)：並非公司付費發布的訊息，而是其他單位或人員，公司以外的機構發布的關於公司或產品的訊息，例如新聞報導、網路口碑。
  - ■ 消費者的口碑，會在網路上流傳，成為網路的重要資訊。
  - ■ 產品的新聞報導，有可能是新聞媒體主動報導，此時為賺得媒體。

● 數位行銷AISAS模式：
- ○ 知曉(Awareness)→興趣(Interest)→搜尋(Search)→行動(Action)→分享(Share)。
- ○ 廣告或行銷宣傳，可以針對不同的階段進行。
  - ■ 知曉階段：宣傳重點是讓消費者知道產品的存在。
  - ■ 興趣階段：宣傳重點是讓消費者對於產品感到興趣。

---

[23] 本章重點綱要與考題由陳才教授、汪志堅特聘教授整理。

- ■ 搜尋階段：消費者已在搜尋資訊，重點是提高搜尋排名。
- ■ 行動階段：提供誘因，讓消費者購買的時候，優先考慮。
- ■ 分享階段：鼓勵消費者分享公司的相關資訊。

- ● 網路行銷幾種類別
  - ○ 網站：官方網站傳遞公司歷史、願景、訴求及產品或服務項目及介紹。
  - ○ 網站廣告(展示型廣告)：付費在特定網站、重要入口網站、內容網站刊登廣告。
    - ■ 以前採取輪播廣告方式，每個使用者看到相同的廣告。
    - ■ 目前的網路廣告，可以根據使用者進行區隔，每個人看到的廣告可能不同。
  - ○ 搜尋廣告(search ads)：競標爭取收尋引擎上關鍵字，消費者搜尋相關字詞時，投放的廣告或連結就會在搜尋結果中曝光。
    - ■ 廣告費用與連結排序先後及關鍵字熱門程度有關。搜尋相關字的消費者，對廣告主的產品或服務應該更有興趣。
    - ■ 搜尋引擎最佳化(search engine optimization)：改善品牌關聯性連結，以期消費者在搜尋關鍵字時，盡可能獲得更高的網頁排名。
  - ○ 社交媒體廣告：在社交媒體(例如Facebook、Instagram)、或是即時通訊軟體(LINE、Facebook Messenger之類)播放廣告。
  - ○ 電子郵件：電子郵件成本遠低於郵遞信函，缺點是易被當成垃圾郵件阻擋。

- ● 精準行銷(precision marketing)：
  - ○ 在執行行銷宣傳前，精準掌握消費者，減少行銷成本，提升行銷策略效益。
  - ○ 可能已精準掌握目標顧客名單，或者針對網站瀏覽名單或關鍵字分析，鎖定可能客群，區分客群時，可能使用年齡、地區、職業、網路興趣、網路瀏覽行為等變數。
  - ○ 最常與社交媒體或搜尋引擎合作。因為社交媒體與搜尋網站，掌握消費者的人口統計變項或網路搜尋瀏覽行為。

- 再行銷Remarketing廣告或Retargeting廣告，
  - 針對已經瀏覽過網站、曾點選購物車、曾看過特定網路文章的人、甚至曾按過讚的人，來進行廣告投放。
  - 不盲目地對所有的人做投放，而是只針對有興趣的人，來加強他們的購買慾望。
  - 這些使用者可能已經在搜尋階段，即將進入行動階段，因此，很有可能被打動。

23.2 社群行銷

- 社群行銷：
  - 是創造具互動分享價值的行銷溝通內容，透過社群網路病毒式擴散，以建立品牌知名度或實際產品銷售。
  - 企業自行經營的粉絲頁，在分類上，屬於自有媒體(owned media)。

- 社群媒體平台主要有幾種
  - 網路社群與論壇：網路社群成功關鍵在於，有效舉辦維繫社群人員與團體的活動。
  - 社群網站：在社群網站例如臉書上建立粉絲專頁，已成為網路行銷的必備元素。
  - 個人部落格：知名的部落格，將有共同興趣的人聚集在一起。
  - 影音網站、影音部落格、直播：利用影音內容，傳達內容，有共同興趣的人，或者對於直播主有興趣、被直播主所吸引的人，聚集在一起。

23.3 網路口碑

- 網路口碑：
  - 正面口碑：
    - 滿意的顧客於網路上自行發聲或轉傳關於品牌及產品的正面訊息，由於沒有利益考量，較易取信於人，說服效果佳。
  - 負面網路口碑：
    - 不滿意的顧客於網路上自行發聲或轉傳關於品牌及產品的負面訊息，由於沒有利益考量，較易取信於人，說服效果高，對於產品或品牌造成重大影響。
- 負面口碑的理由：

- ○ 不滿意。
  - ○ 負面情緒(生氣、憤怒、失望等)。
  - ○ 報復(因為感受到不公平，而希望報復)。
  - ○ 利他(希望其他消費者不要重蹈覆轍)。

- 忠誠的顧客會主動推薦產品及參與正向口碑的傳遞，顧客忠誠度有不同的層級，層級愈高對公司愈有貢獻：
  - ○ 滿意：期望獲得滿足，支持該品牌。
  - ○ 重複購買：再次購買該品牌產品。
  - ○ 口碑/話題：向其他人陳述品牌正面評價。
  - ○ 熱情：說服其他人購買或加入。
  - ○ 擁有：感覺對品牌的成功具有責任。

- 病毒式行銷(viral marketing)：
  - ○ 消費者自願分享有關產品或服務的影音內容，以一傳十、十傳百的方式在網路上擴散出去。

- 若要讓病毒式廣告有效，有幾項原則：
  - ○ 廣告中不刻意強調品牌。
    - ■ 因為消費者並不願意主動幫忙宣傳產品。
  - ○ 可以使用有趣或驚奇的開場，先抓住觀眾的注意力。
    - ■ 但這並非必備。
  - ○ 廣告要引發消費者情緒起伏，避免平淡無聊。
  - ○ 讓人「驚訝」而非「驚嚇」，觀眾若覺得不舒服，就不會轉發。
  - ○ 從娛樂的觀念出發，而非由銷售規則來驅動。

23.4 行動裝置行銷

- 行動裝置行銷
  - ○ 是利用無線媒體(手機、平板為主)隨時、隨地與消費者溝通並促銷其產品、服務或理念。

- 行動裝置有四個特點：
  - ○ 綁定一個特定使用者。
  - ○ 隨身攜帶，因此持續在「連線」狀態。
  - ○ 與支付系統相連，能夠即時消費。
  - ○ 定位出消費者地理資訊，具高度即時互動性。

● 行動裝置行銷已成為互動行銷重要的一環,行銷人員可透過手機
  簡訊、軟體運用程式(app)與廣告,與消費者產生連結。
    ○ 受限於手機螢幕尺寸及頻寬,行動廣告資訊必須簡潔有力
    ○ 佔滿螢幕的行動廣告,會引發消費者惱怒。
    ○ 避免過度複雜的觀看體驗。
    ○ 促銷訊息及品牌口號盡量簡化。

複習題目

( )1.經由消費者在搜尋引擎上關鍵字連結呈現的網路廣告是什麼？
　　(1)展示型廣告。
　　(2)橫幅廣告。
　　(3)彈出式廣告。
　　(4)搜尋廣告。

( )2.主要藉由滿意顧客的力量推廣品牌及產品的行銷方式為
　　(1)資料庫行銷。
　　(2)線上行銷。
　　(3)口碑行銷。
　　(4)行動行銷。

( )3.下列何者屬於網路「自有媒體」？
　　(1)企業官網、粉絲頁。
　　(2)關鍵字廣告。
　　(3)網路廣告版面。
　　(4)網路口碑。

( )4.「搜尋引擎最佳化」指的是優化企業網站的什麼？
　　(1)提升搜尋排名，並讓消費者輸入搜尋詞彙後，更容易查到企業網站。
　　(2)讓企業網站更簡單易懂。
　　(3)網頁設計吸引消費者造訪意願。
　　(4)讓上網訪客的實際成功交易率提高。

( )5.以下關於網路廣告的陳述，何者正確？
　　(1)網路廣告、宣傳，都是為了讓消費者購買，沒有別的目的。
　　(2)網路廣告一定是以低價吸引消費者來購買。
　　(3)網路宣傳活動一定是要鼓勵消費者採取行動。
　　(4)有些網路廣告或宣傳，只是為了讓消費者知曉產品的存在。

( )6.不盲目地對所有的人做投放，而是只針對搜尋產品資訊的消費者，來加強他們的購買慾望。這是哪一種活動可以做到的？
　　(1)社交媒體廣告。
　　(2)關鍵字廣告。
　　(3)再行銷(retargeting或remarketing)。
　　(4)橫幅廣告。

( )7.以下何者為數位行銷AISAS模式？
　　(1)知曉→興趣→搜尋→行動→分享
　　(2)知曉→興趣→搜尋→試用→抱怨。
　　(3)知曉→興趣→搜尋→試用→分享
　　(4)知曉→興趣→熱情→行動→分享

( )8.執行行銷宣傳前，精準掌握消費者，減少行銷成本，提升行銷策略效益。這是指什麼？

(1)關鍵字廣告。
(2)病毒式行銷(viral marketing)。
(3)再行銷(retargeting或remarketing)。
(4)精準行銷。

(　　) 9.關於網路訊息溝通的陳述，何者正確？
(1)消費者沒有付廣告費，因此消費者的意見傳播範圍很窄，沒有太大的影響力。
(2)消費者的口碑，會在網路上流傳，成為網路的重要資訊。
(3)消費者的口碑，屬於廠商付費媒體。
(4)關於產品的新聞報導，一定是廠商付費的。絕對不可能發生媒體主動報導的情況。

(　　) 10.病毒式廣告的製作原則，下列何者不正確？
(1)不刻意強調品牌，因為消費者並不願意主動幫忙宣傳產品。
(2)盡量製造驚嚇效果。
(3)要設法讓使用者主動幫忙散播資訊。
(4)如果使用影片時，要想讓消費者主動傳播影片，必須重視影片的情緒感染力。

(　　) 11.消費者自願分享有關產品或服務的影音內容，以一傳十、十傳百的方式在網路上擴散出去。這是指什麼？
(1)病毒式行銷(viral marketing)。
(2)再行銷(retargeting或remarketing)。
(3)關鍵字廣告。
(4)精準行銷。

(　　) 12.針對已經瀏覽過電子商務網站、曾點選購物車、曾看過特定網路文章的人、甚至曾按過讚的人，來進行廣告投放。這是什麼？
(1)搜尋廣告。
(2)關鍵字廣告。
(3)再行銷(retargeting或remarketing)。
(4)橫幅廣告。

(　　) 13.相較於企業行銷各種工具，網路口碑最大的優勢為什麼？
(1)沒有利益考量，說服效果佳。
(2)最能夠詳細說明產品。
(3)最能夠控制訊息內容，確保是正面訊息。
(4)較有助於公益形象的建立。

(　　) 14.下列何者不屬於社群媒體平台？
(1)網路論壇。
(2)部落格。
(3)社群網站。
(4)搜尋引擎網站。

(　　) 15.下面哪一種廣告，被點擊率最高？
(1)展示型廣告。

(2)橫幅廣告。
(3)付費搜尋廣告。
(4)彈出式廣告。

( ) 16.以下何者不是消費者散播負面口碑的主要理由？
(1)負面情緒(生氣、憤怒、失望等)。
(2)報復(因為感受到不公平，而希望報復)。
(3)利他(希望其他消費者不要重蹈覆轍)。
(4)炫耀 (希望其他消費者知道)。

( ) 17.手機做為推廣媒介的特點，下列何者不正確？
(1)綁定一個特定使用者。
(2)隨時隨地可接觸到。
(3)能夠產生即時消費行為。
(4)互動性較為不足。

( ) 18.關於網路訊息溝通的陳述，何者正確？
(1)在網路上宣傳資訊，一定是要付費買廣告。
(2)網路是免費的。在網路上宣傳資訊，一定不用付費。
(3)沒有任何訊息管道是公司可以掌控擁有的，因此都需要編列廣
告費。
(4)有些網路訊息管道，例如公司的粉絲頁，是公司所擁有的，在
上面發布訊息，可接觸到顧客，但無須付費。

( ) 19.剛瀏覽過電子商務網站、剛選購物車的消費者，目前最有可能即
將進入哪一個階段？
(1)知曉階段。
(2)興趣階段。
(3)行動階段。
(4)分享階段。

( ) 20.可能已精準掌握目標顧客名單，或者針對網站瀏覽名單或關鍵字
分析，鎖定可能客群，區分客群時，可能使用年齡、地區、職業、
網路興趣、網路瀏覽行為等變數。這是哪一種行銷活動會採用的做
法？
(1)關鍵字廣告。
(2)病毒式行銷(viral marketing)。
(3)再行銷(retargeting或remarketing)。
(4)精準行銷。

複習題目解答

1	2	3	4	5	6	7	8	9	10
4	3	1	1	4	3	1	4	2	2
11	12	13	14	15	16	17	18	19	20
1	3	1	4	3	4	4	4	3	4

第二十四章 行銷社會責任

行銷工作者雖以最大化行銷績效為目的，但必須善盡社會責任，不能逾越法律，也不能只是遵循法律。另外，許多行銷工作，涉及公益，在宣揚對於社會產生正面結果的事情。在環境保護掛帥的時代，許多行銷作為危及環境永續，並不值得鼓勵。相反的，許多行銷作為，可促進永續發展，對於社會產生正面效益[24]。

24.1 行銷社會責任

- 行銷社會責任
  - 行銷人員不能只遵守法律，還要善盡企業應負擔的責任。
  - 提高社會責任的行銷層次，需要落實
    - 合法行為：公司必須確保工作人員遵守相關法令。
    - 道德行為：行銷努力需要合乎道德，不能鑽法律漏洞。
    - 社會責任行為：面對企業利害關係人，必須落實社會良知。
    - 注重永續性 (sustainability)：在不傷害未來環境的前提下，滿足人類需要。

24.2 公益行銷與社會行銷

- 公益行銷：
  - 也被稱為善因行銷 (cause-related marketing)，是指公司主辦或支持非營利、公益目標的活動，讓公司顧客直接或間接參與該項活動，表達對社區或社會議題的承諾。

- 公益行銷(善因行銷)可以形塑品牌的正面意義：
  - 建立品牌知曉度。
  - 強化品牌形象。
  - 建立品牌可信度。
  - 喚起品牌情感。
  - 誘發品牌認同。

- 公益行銷不能讓消費者反感，

---

[24] 本章重點綱要與考題由陳才教授整理。

- ○ 不能讓消費者覺得，覺得企業在利用弱勢族群為自己行銷。

- ● 社會行銷 (social marketing)：
  - ○ 政府或非營利組織，運用行銷手段推廣公益觀念。
  - ○ 例如推廣戒煙、反毒、環保，都可以利用行銷手段，來加以推動。

- ● 社會行銷計畫的關鍵成功因素；
  - ○ 選擇要促成觀念或行為改變的目標閱聽眾。
  - ○ 清楚、簡單的宣傳用語。
  - ○ 以生動活潑的方式宣揚改變的好處。
  - ○ 運用能吸引大眾注意的媒體與訊息。
  - ○ 以寓教於樂的方式進行。

24.3 綠色行銷

- ● 綠色行銷就是把環境永續發展的概念融入現有的行銷體系中。
  - ○ 行銷活動中，強調環保、永續。
  - ○ 產品材質使用可再生資源(renewable resources)，或回收再利用資源(recycled resource)。
  - ○ 行銷活動中，鼓勵節約資源。

- ● 循環經濟：減量、重複使用、回收。
  - ○ 減量(reduce)：減少資源的使用，減少包裝的資源使用。
  - ○ 重複使用(reuse)：重複使用物品，減少一次性的產品。
  - ○ 回收(recycle)：無法再次利用的產品，進行資源回收，減少廢棄物。

- ● 永續發展(sustainable development)：
  - ○ 不損害子孫後代的發展方式。
  - ○ 許多產品與綠色行銷相悖：
    - ■ 快時尚(fashion)不符合綠色行銷：
    - ■ 快時尚是指在很短的時間內跟上潮流，以低廉的價格，買到新潮的服飾。重點是快速方便、款式多樣性、便宜、流行，消費者買的是流行與衝動，非全然的必要性。但快時尚的低價，鼓勵消費者快速追求流行，並快速淘汰掉不流行的商品，對於環境造成影響。
    - ■ 免洗餐具，不符合環保。

複習題目

（　）1.政府或非營利組織，運用行銷手段推廣公益觀念。請問這常被稱做什麼？
    (1)整合行銷。
    (2)社會行銷。
    (3)內部行銷。
    (4)全方位行銷。

（　）2.減少資源的使用，減少包裝的資源使用。這是指什麼？
    (1)減量(reduce)。
    (2)重複使用(reuse)。
    (3)回收(recycle)。
    (4)再製(re-generation)。

（　）3.以下何者「不太符合」綠色行銷的做法？
    (1)鼓勵退流行之服裝，不再穿著，永遠保持時尚。
    (2)鼓勵重複使用物品，減少一次性的產品。
    (3)針對無法再次利用的產品，鼓勵進行資源回收，減少廢棄物。
    (4)不使用一次性餐具，改採用需回收再利用的餐具。

（　）4.關於推廣戒菸、反毒、環保等的行銷活動，以下陳述何者正確？
    (1)不適合使用行銷活動的技巧。
    (2)屬於政府活動，行銷人員不應負責處理。
    (3)可以利用行銷手段，來加以推動。
    (4)容易帶來負面印象，要避免處理。

（　）5.以下何者「不是」社會行銷計畫的關鍵成功因素？
    (1)選擇要促成觀念或行為改變的目標對象。
    (2)清楚、簡單的宣傳用語。
    (3)以生動活潑的方式宣揚改變的好處。
    (4)重點放在可以為企業節省多少成本。

（　）6.不損害子孫後代的發展方式。這是指什麼？
    (1)減量(reduce)。
    (2)重複使用(reuse)。
    (3)回收(recycle)。
    (4)永續發展(sustainable development)。

（　）7.關於行銷社會責任的陳述，何者正確？
    (1)行銷人員必須遵守法規，只要遵守法規，就是善盡社會責任。
    (2)行銷人員不能只遵守法律，還要做得更多，善盡企業應負擔的責任。
    (3)所謂的社會責任，是指法律規範。企業必須符合法律規範。
    (4)當法律出現漏洞時，行銷人員使用該漏洞，是符合法律，也符合社會責任的。

（　）8.以下何者「不是」社會行銷計畫的關鍵成功因素？

(1)以生動活潑的方式宣揚改變的好處。
(2)運用能吸引大眾注意的媒體與訊息。
(3)以寓教於樂的方式進行。
(4)重點放在可以賣出多少產品。

( ) 9.無法再次利用的產品，進行資源回收，減少廢棄物。這是指什麼？
(1)減量(reduce)。
(2)重複使用(reuse)。
(3)回收(recycle)。
(4)再製(re-generation)。

( ) 10.下面何者比較不是公益行銷(善因行銷)的主要目的？
(1)建立品牌知曉度。
(2)強化品牌形象。
(3)建立品牌可信度。
(4)促銷產品。

( ) 11.下面何者比較不是公益行銷(善因行銷)的主要目的？
(1)喚起品牌情感。
(2)誘發品牌認同。
(3)強化品牌形象。
(4)節省行銷成本。

( ) 12.以下關於公益行銷(善因行銷)的陳述，何者錯誤？
(1)公益行銷不能讓消費者反感，覺得企業在利用弱勢族群為自己
行銷。
(2)可以喚起品牌情感。
(3)可以強化品牌印象。
(4)主要目的是降低行銷成本。

( ) 13.企業對公益與慈善活動及其目標的贊助，稱做什麼？
(1)整合行銷。
(2)善因行銷（公益行銷）。
(3)內部行銷。
(4)全方位行銷。

( ) 14.重複使用物品，減少一次性的產品。這是指什麼？
(1)減量(reduce)。
(2)重複使用(reuse)。
(3)回收(recycle)。
(4)再製(re-generation)。

( ) 15.以下關於環保與快時尚的說明，何者正確？
(1)所謂的快時尚是環保的一部分。
(2)只要廣告提出綠色主張，就是快時尚符合環保的關鍵。
(3)快時尚因為加快速度，提升效率，符合環保精神。
(4)快時尚的低價，鼓勵消費者快速追求流行，並快速淘汰掉不流
行的商品，對於環境造成影響。

（　）16.下面關於社會責任、道德行為的陳述，何者錯誤？
　　　　⑴遵守相關法令，就算符合社會責任，法律若不夠周延，屬於法律課題，與行銷人員無關。
　　　　⑵行銷努力需要合乎道德，不能鑽法律漏洞。
　　　　⑶面對企業利害關係人，必須落實社會良知。
　　　　⑷行銷人員是在不傷害未來環境的前提下，滿足人類需要。

（　）17.將公司主辦或贊助的公益活動，連結到行銷活動上，稱做什麼？
　　　　⑴善因行銷（公益行銷）。
　　　　⑵事件行銷。
　　　　⑶活動行銷。
　　　　⑷社會行銷。

（　）18.以下何者「不符合」綠色行銷的做法？
　　　　⑴鼓勵減少資源的使用，減少包裝的資源使用。
　　　　⑵鼓勵重複使用物品，減少一次性的產品。
　　　　⑶針對無法再次利用的產品，鼓勵進行資源回收，減少廢棄物。
　　　　⑷強調產品隨拆隨用，一次使用後直接拋棄，無需回收，方便易用。

（　）19.以下何者「不算」是綠色行銷？
　　　　⑴把環境永續發展的概念融入現有的行銷體系中。
　　　　⑵行銷活動中，強調環保、永續。
　　　　⑶產品材質使用可再生資源(renewable resources)，或回收再利用資源(recycled resource)。
　　　　⑷在行銷活動中使用森林與大自然的影片。

（　）20.以下何者「不算」是綠色行銷？
　　　　⑴把環境永續發展的概念融入現有的行銷體系中。
　　　　⑵使用綠色的色系，進行行銷活動。
　　　　⑶行銷活動中，鼓勵節約資源。
　　　　⑷產品材質使用可再生資源(renewable resources)，或回收再利用資源(recycled resource)。

複習題目解答

1	2	3	4	5	6	7	8	9	10
2	1	1	3	4	4	2	4	3	4
11	12	13	14	15	16	17	18	19	20
4	4	2	2	4	1	1	4	4	2

第二十五章 行銷相關法規

政府訂有許多法規，進行行銷活動時，必須遵從這些法規。常見的法規包括：消費者保護法、商品標示法、健康食品標示相關規定、有機農產品標示相關規定、公平交易法等[25]。

25.1 消費者保護法

- 消費者保護法：
  - 為了保護消費者，訂有消費者保護法。

- 定型化契約：
  - 指企業經營者為與多數消費者訂立同類契約之用，所提出預先擬定之契約條款。
  - 定型化契約中之條款違反誠信原則，對消費者顯失公平者，無效。
  - 定型化契約條款不限於書面，其以放映字幕、張貼、牌示、網際網路、或其他方法表示者，亦屬於定型化契約。

- 鑑賞期：
  - 通訊交易(線上交易)或訪問交易(街頭推銷)之消費者，七日內可以退貨，無須說明理由及負擔任何費用。
  - 法律規定的七天鑑賞期，是指看到產品後，不滿意可以退貨，而不是指可以試用。
  - 通訊交易(線上交易)或訪問交易(街頭推銷)之消費者，以書面通知解除契約者，企業經營者應於收到通知之次日起十五日內，至原交付處所或約定處所取回商品。

- 廣告是一種對於消費者的承諾：
  - 消費者保護法規範，企業經營者應確保廣告內容之真實，其對消費者所負之義務不得低於廣告之內容。

25.2 商品標示法

- 商品標示法
  - 為促進商品正確標示，訂有商品標示法。

---

[25] 本章重點綱要與考題由楊燕枝老師整理。

- 商品標示，不可以：
  - 虛偽不實或引人錯誤。
  - 違反法律強制或禁止規定。
  - 違背公共秩序或善良風俗。

- 標示文字：
  - 商品標示所用文字，應以中文為主。進口商品應加上中文。
  - 商品應該標示的項目至少包括：
    - 廠商名稱、電話、地址及商品原產地。
    - 主要成分。
    - 淨重、容量。
    - 製造日期。
    - 其他應標示項目。
  - 政府可以規定應標示事項及標示方法。

25.3 健康食品標示

- 健康食品標示
  - 健康食品為法律定義的名詞，需要符合規範，才能稱為健康食品。
  - 健康食品不是藥品，不能宣稱療效。健康食品之標示或廣告，不得涉及醫療效能之內容。
  - 若要宣稱保健功效，必須有科學證據，而且申請查驗登記，並取得許可。
  - 產品未經核准，擅自宣稱保健功效，是違反法律的。

- 健康食品廣告：
  - 食品非依規定進行查驗登記，並取得許可，不得標示或廣告為健康食品。
  - 健康食品之標示或廣告，宣稱之保健效能不得超過許可範圍。
  - 廣告若將一般食品宣稱為健康食品，傳播媒體不得刊出該廣告。
  - 媒體必須確認保健功效的陳述，是否已取得主管機關的許可。

25.4 有機農產品標示

- 有機農產品標示相關法規包括：

- ○ 有機農產品有機轉型期農產品標示及標章管理辦法。
- ○ 進口有機農產品及有機農產加工品管理辦法。
- ○ 還有一些與有機農產品有關的辦法。

- ● 通過驗證才能標示為有機。
  - ○ 有機農產品、有機農產加工，都需申請驗證，驗證機構就通過驗證之有機農產品及有機農產加工品，按類別發給驗證證書，才能標示為「有機」。
  - ○ 有機農產品驗證證書有效期間為三年，到期可申請展延。
  - ○ 驗證機構需定期或不定期實施追蹤查驗。每年至少一次。

- ● 有機轉型期：
  - ○ 農作物開始依有機規範栽培管理，需要等待一段時間，讓土壤環境慢慢轉變成符合有機標準。
  - ○ 不同作物有不同的轉型規範，短期作物需要2年轉型期，長期作物需3年的轉型。
  - ○ 轉型期不可標示為「有機」，但可標示為「有機轉型期」。

- ● 符合規範的進口有機產品，也可以標示為有機。
  - ○ 必須有認證機構的證明。

25.5 公平交易法

- ● 公平交易法
  - ○ 主要目的為維護交易秩序與消費者利益，確保自由與公平競爭，促進經濟之安定與繁榮。

- ● 維持市場秩序：
  - ○ 企業不可以用不公平之方法，阻礙其他公司參與競爭。
  - ○ 除有正當理由者外，不可以限制商品轉售價格。
  - ○ 不可以故意不供貨給特定廠商。
  - ○ 不可以無正當理由對其他廠商給予差別待遇之行為。
    - ■ 但如果因為銷售數量、付款條件、信用條件、運送成本…各種差異等，有合法理由者，可以給予差別待遇。
  - ○ 不可以用低價利誘或其他不正當方法，阻礙競爭者參與競爭。
  - ○ 不可以脅迫、利誘或其他不正當方法，阻止其他廠商進行價格競爭、參與結合或聯合之行為。

- 對於獨佔、寡占與高市佔率產生，訂有規範，以避免壟斷。
- 企業合併後超過一定市場規模者，需要進行申報，並取得許可。

● 行銷廣告規範：
- 廣告屬於與消費者的契約，廠商必須遵守廣告內容。
- 不可以有虛偽不實廣告。
- 不可以用近似的包裝或品牌，讓消費者感到混淆。
- 不得以不當提供贈品、贈獎(抽獎)之方法，來進行行銷。
  - 何者為不當的贈品，公平交易委員會有規範。
  - 超高額的抽獎，有可能不被許可。
- 不得為競爭之目的，而陳述或散布足以損害他人營業信譽之不實情事。

複習題目

( ) 1.關於線上交易的七天鑑賞期，何者正確？
    (1)七天鑑賞期內可以盡量使用，不滿意再行退貨。
    (2)法律規定的七天鑑賞期，是指看到產品後，不滿意可以退貨，
       但除非廠商特別同意可以試用，否則是不可以試用。
    (3)廠商若不願意使用七天鑑賞，也可以改成三天鑑賞期。
    (4)法律規定，一般店家買賣也有七天鑑賞期。

( ) 2.關於有機農產品標示的陳述，以下何者正確？
    (1)有機農產品、有機農產加工，都需申請驗證，驗證機構就通過
       驗證之有機農產品及有機農產加工品，按類別發給驗證證書，
       才能標示為「有機」。
    (2)生機產品、有機產品、天然產品，都是廠商的宣傳用語，可以
       自由使用。
    (3)國外進口的產品，因為沒有台灣的驗證，因此不可能是有機。
    (4)沒有使用農藥，就是有機。

( ) 3.關於商品轉售價格，以下陳述何者正確？
    (1)商品轉售價格只可以由原廠進行規範，其他廠商不可規範。
    (2)除有正當理由者外，不可以限制商品轉售價格。
    (3)轉售價格是營業自由，廠商可以限制其下游廠商，並訂定規
       範，強制不可打折。
    (4)轉售價格可以低於規範價格，不可高於規範價格。

( ) 4.關於商品標示的陳述，以下何者錯誤？
    (1)不可以虛偽不實或引人錯誤。
    (2)不可以違反法律強制或禁止規定。
    (3)不可以違背公共秩序或善良風俗。
    (4)專業名詞不可以使用中文，必須使用原文。

( ) 5.如果有一個下游廠商，銷售競爭對手產品時，這時應該如何處理才
    符合法律規範？
    (1)不可以用低價利誘或其他不正當方法，阻礙競爭者參與競爭。
    (2)立刻給予斷貨處理。基於競爭自由，法律對此並無規範。
    (3)立刻提高批發價格，讓該通路蒙受損失。基於競爭自由，法律
       對此並無規範。
    (4)立刻降價，並要求通路不可銷售競爭對手產品，讓競爭對手無
       從競爭。基於競爭自由，法律對此並無規範。

( ) 6.關於廠商合併的陳述，何者正確？
    (1)無論規模大小，都需要跟公平交易委員會申報。
    (2)企業合併後超過一定市場規模者，需要進行申報，並取得許
       可。
    (3)廠商合併屬於自由市場行為，無論規模，都不需要申報。
    (4)上市公司的合併，需跟證管會與金管會證期局申報，其他非上
       市公司，不需要申報。

(　　) 7.關於有機農產品標示的陳述，以下何者正確？
(1)屬於一般用語，台灣沒有真正的有機產品。
(2)生機產品、有機產品、天然產品，都是廠商的宣傳用語，可以自由使用。
(3)生機產品、有機產品、天然產品是同義詞，可以混合使用。
(4)有機農產品是法律定義的名詞，沒有符合規範就不能使用。

(　　) 8.商品標示所用文字，應該以何種語言？
(1)應以中文為主。進口商品應加上中文。
(2)只限使用中文。不可以出現英文，中英文對照也不行。
(3)本國產品必須使用中文。進口產品必須使用生產國當地語言。
(4)可以使用中文。若是進口產品，才可以僅使用英文標示。

(　　) 9.關於進口有機產品的規範，以下陳述何者正確？
(1)無法查驗國外農產品，因此完全由廠商自行宣稱，廠商也無需提供證明。
(2)通過有機認證機構認證，符合規範的進口有機產品，也可以標示為有機。
(3)國外農產品一律不可以宣稱為有機產品。
(4)通過農藥檢驗，就可以宣稱為有機農產品。

(　　) 10.關於贈品與抽獎的陳述，何者正確？
(1)不得以不當提供贈品、贈獎(抽獎)之方法，來進行行銷。例如超高金額的抽獎，若造成市場競爭問題，可能不被許可。
(2)這是營業自由，就算要舉辦高達一千萬或一億的抽獎，政府也管不到。
(3)贈品的實質金額不受管制，政府不會管。就算因此讓整個市場大亂，也是競爭的常態。
(4)基於保護消費者權益，政府希望廠商的贈品與抽獎，愈大愈好。

(　　) 11.關於包裝與品牌名稱，以下陳述何者正確？
(1)不可以用近似的包裝或品牌，讓消費者感到混淆。
(2)基於競爭自由，模仿競爭對手，甚至於用近似的包裝或品牌，讓消費者感到混淆，是常見且合法的手法。
(3)近似的包裝或品牌，讓消費者感到混淆，是常見且合法的手法。只要不違反著作權法即可。
(4)可以使用近似品牌讓消費者混淆，但不可使用近似包裝。

(　　) 12.關於有機認證的陳述，以下何者正確？
(1)有機農產品驗證證書有效期間為三年，到期可申請展延。
(2)申請核可後，除非違反法律，否則有機農產品驗證證書持續永久有效，不需再驗證。
(3)有機認證採取登記制，只要申請就能取得，但若違反法律會被吊銷認證。
(4)有機認證採取書面登記制，每年登記，就能繼續使用。被檢驗出含有農藥時，才會被取消資格。

（　　）13.關於廣告的陳述，何者正確？
　　　　　⑴廣告僅供參考，實質商品以實品為主。
　　　　　⑵廣告是一種美化後的宣稱，與產品無關。
　　　　　⑶廠商一定要將廣告做得很棒，但實際的產品是另一件事。
　　　　　⑷廣告是一種對於消費者的承諾，企業經營者應確保廣告內容之真實，其對消費者所負之義務不得低於廣告之內容。

（　　）14.媒體刊登健康食品廣告時，何者正確？
　　　　　⑴廣告內容由廠商負責，媒體不負責任。因此，媒體無需把關。
　　　　　⑵媒體是中立的，基於言論自由，不可審查廣告內容。
　　　　　⑶媒體必須確認廣告內容不違反公序良俗，至於是否為健康食品，以及廣告用語，是廠商的廣告自由。
　　　　　⑷廣告若將一般食品宣稱為健康食品，傳播媒體不得刊出該廣告。

（　　）15.關於鑑賞期滿不滿意，解除契約的做法，何者正確？
　　　　　⑴企業經營者應於收到消費者通知要退貨之次日起十五日內，至原交付處所或約定處所取回商品。
　　　　　⑵消費者應於收到通知之次日起十五日內，將商品送至企業經營者之處。
　　　　　⑶消費者應於七日內，將商品送至廠商處或約定處。
　　　　　⑷消費者必須親自將商品送回，不可以委託他人。

（　　）16.有關於健康食品的陳述，何者正確？
　　　　　⑴對身體有利的產品，都可以宣稱是健康食品。
　　　　　⑵健康食品為法律定義的名詞，需要符合規範，才能稱為健康食品。
　　　　　⑶只要不宣稱保健功效，自由稱呼產品為健康食品，是沒有關係的。
　　　　　⑷健康食品是常用名詞，屬於一般民間溝通，廠商可以自由使用。

（　　）17.關於有機轉型期的陳述，以下何者正確？
　　　　　⑴農作物開始依有機規範栽培管理，需要等待一段時間，讓土壤環境慢慢轉變成符合有機標準。
　　　　　⑵廠商沒使用農藥，就可宣稱為有機轉型期。
　　　　　⑶已經可以使用有機產品標章。
　　　　　⑷耕作規範比較寬鬆，只要沒過量使用農藥即可。

（　　）18.以下關於定型化契約的陳述，何者正確？
　　　　　⑴定型化契約中之條款違反誠信原則，對消費者顯失公平者，無效。
　　　　　⑵基於民法契約自由的原則，定型化契約中之條款，都是有效的。
　　　　　⑶除非消費者簽字同意，否則契約都屬於無效。
　　　　　⑷契約都必須使用紙張以書面表示，不可以用其他方式表示。只使用字幕、張貼、牌示、網際網路、或其他方法表示者，均屬無效。

(　　) 19.關於企業間的競爭，下列陳述何者正確？
　　　　⑴企業不可以用不公平之方法，阻礙其他公司參與競爭。
　　　　⑵為了阻礙其他公司參與競爭，企業無論使用何種方法，都不受
　　　　　法律規範。
　　　　⑶自由競爭市場，政府不在乎公司間的競爭，因此使用任何方
　　　　　法，都是沒有關係的。
　　　　⑷政府不允許廠商之間進行過度競爭，只要低於成本，就是違法
　　　　　的。

(　　) 20.有關於健康食品的陳述，何者正確？
　　　　⑴一律不可以聲稱保健功效。
　　　　⑵要有科學根據，就能聲稱保健功效，但無需登記。
　　　　⑶若要宣稱保健功效，必須有科學證據，而且申請查驗登記。
　　　　⑷若不宣稱療效，只宣稱保健功效，就可以不必申請查驗登記。

複習題目解答

1	2	3	4	5	6	7	8	9	10
2	1	2	4	1	2	4	1	2	1
11	12	13	14	15	16	17	18	19	20
1	1	4	4	1	2	1	1	1	3

自我評量一

50題選擇題,每題2分,滿分100分,70分及格。作答時間30分鐘。題目採取每章抽選兩題的方式組成,題目依章節排序。

( ) 1.下列有關行銷功能的敘述,何者正確?
　　(1)企業的行銷能力與獲利息息相關。
　　(2)小企業不需要行銷。
　　(3)企業的行銷主要以推銷活動為主,推銷出去就好了。
　　(4)非營利企業或機構不太需要考慮行銷活動。

( ) 2.行銷思潮的演進過程中,最後演進到重視行銷觀念的階段。以下對
　　於行銷觀念(marketing concept)的敘述,何者正確?
　　(1)強調生產效率。
　　(2)強調產品品質與性能改良。
　　(3)強調銷售與促銷手段。
　　(4)強調以顧客的需求為核心,了解目標客群的需求。

( ) 3.以下何者是係指分析企業內部活動,分為主要活動與支援活動,以
　　創造更多的顧客價值。
　　(1)價值鏈。
　　(2)供應鏈。
　　(3)區塊鏈。
　　(4)顧客鏈。

( ) 4.產品市場擴張矩陣(product-market expansion grid)中,開發新產品
　　導入現有市場中。這是指哪一種策略?
　　(1)市場滲透。
　　(2)市場開發。
　　(3)新產品開發。
　　(4)多角化。

( ) 5.選舉後,政局更迭,屬於哪一種總體環境?
　　(1)政治。
　　(2)經濟。
　　(3)社會。
　　(4)文化。

( ) 6.以下何者為企業內部就可直接得到(收集)的資料,最容易取得,不
　　需要特別收集外部資料,且可用於行銷用途?
　　(1)企業內資訊系統所提供的銷售、生產、庫存資訊。
　　(2)收集競爭者資訊。

(3)市場調查公司、行銷研究公司、廣告公司所發表的報告。

(4)專業的產品評論、部落格。

( ) 7.取得充足的資訊，有利於正確的行銷決策。這是指哪一種活動？
(1)行銷研究。
(2)論文寫作。
(3)人力資源管理。
(4)經營管理。

( ) 8.問卷題項只有「對/錯」、「是/否」、「有/無」的選擇，是哪一種問卷資料收集方法。
(1)二分法。
(2)複選題法。
(3)語意差異量表。
(4)李克特尺度法。

( ) 9.以下關於顧客知覺價值的陳述，何者「錯誤」？
(1)顧客會設法尋找對自己最有價值的商品與服務。
(2)每個消費者關心的價值項目可能不同。
(3)顧客知覺價值取決於利益與成本的差異。
(4)價值高於成本，消費者就會購買，而不會有其他的影響因素。

( ) 10.顧客保留率(customer retention rate)是指？
(1)繼續購買產品的顧客比率。
(2)不再購買產品的顧客比率。
(3)分析來自該顧客的所有成本，以及該顧客帶來的所有收入。
(4)該顧客能為公司帶來的全部價值。

( ) 11.經常對其他人產生影響力的人。這是指什麼？
(1)意見領袖。
(2)社會階級。
(3)人格特質。
(4)生活型態。

( ) 12.以下關於記憶的陳述，何者錯誤？
(1)消費者短期記憶的駐留時間短暫，且有嚴格的儲存容量限制。
(2)消費者的長期記憶，只要能回想起來，就能永久保存，且無明顯的容量限制。
(3)消費者長期記憶內的連結愈多，愈容易被活化，記憶愈容易被取回。記憶取回時，回想到連結鏈或節點，以便取回記憶。
(4)消費者長期記憶的記憶連結強度，是不會衰弱的，也不會受到其他因素的干擾。

( ) 13.以下關於購買者的陳述，何者錯誤：

(1)購買者指的是消費者，不可能是組織、企業、政府。

(2)組織購買商品的目的，有可能是組織自行使用。此類購買行為
與一般消費者的購買行為差異較小。

(3)組織購買商品的目的，有可能是為了轉售。此時組織是通路成
員的一部分。

(4)組織購買商品的目的，有可能是加工成為其他商品，再予以售
出。此時組織是生產體系成員(供應鏈體系成員)的一部分。

( ) 14.企業採購以作為加工用的原料時，以下陳述何者錯誤？

(1)經常會有價格考量。

(2)選擇多重供應商可以避免被單一廠商箝制，但關係較不緊密，
且較不具有規模經濟。

(3)選擇單一供應商，可以維持緊密關係，達到數量規模經濟，但
有可能被該供應商掌握。

(4)產品包裝的美麗程度，經常是重要的考慮因素。

( ) 15.下列何者不應該是進入國際市場的理由？

(1)更多的市場：擴大市場規模。

(2)進入競爭者的市場。反擊侵入者：以彼之道還之彼身。

(3)導因於顧客外移：顧客遷移至國外，必須跟著進軍國際市場。

(4)將不符合規範的有害產品出口至外國。

( ) 16.下面哪一種進入國際市場的方式，風險最低，最容易撤出國外市
場？

(1)出口。

(2)獨資。

(3)合資。

(4)收購當地品牌。

( ) 17.以下關於市場區隔與選擇目標市場的敘述，何者正確？

(1)小廠商或企業本身資源有限，故不須設定目標市場。

(2)市場規模越大，就是越好的目標市場。

(3)行銷在討論市場區隔與目標市場時，所謂的目標市場，是指國
內市場或國外市場。

(4)行銷者根據市場的異質性，將市場加以細分後，成為較小的市
場區隔，同一區隔內的消費者偏好與習性較接近。

( ) 18.將市場劃分為生產前，新生嬰兒，嬰兒，學步兒童和學齡前兒
童。這是指哪一個變數？

(1)地理。

(2)年齡。

(3)收入。

(4)社會階層。

（　　）19.設計企業提供物與形象的過程，旨在目標消費的腦海中占據某一顯著且重要的位置，將品牌深植於顧客心中，這是指什麼？
　　　　　(1)產品(product)。
　　　　　(2)定位(positioning)。
　　　　　(3)規畫(planning)。
　　　　　(4)推廣(promotion)。

（　　）20.一組「屬性或利益」的品牌獨特聯想，且只此一家，無法從其它競爭者獲得，係為?
　　　　　(1)各競爭品牌間的相似點(points-of-parity)。
　　　　　(2)各競爭品牌間的相異點(points-of-difference)。
　　　　　(3)消費者賦權(consumer empowerment)。
　　　　　(4)行銷近視症(marketing myopia)。

（　　）21.以下關於品牌的陳述，何者正確？
　　　　　(1)是一種標準化的過程，期盼在產品、服務間建立一致性，希望各廠商提供的產品具有同質性。
　　　　　(2)進行市場研究，並向客戶銷售產品或服務的過程。
　　　　　(3)目的是要與競爭者的產品、服務進行區別。
　　　　　(4)是一種分析市場優劣勢，比較市場上競爭者的產品、服務的過程。

（　　）22.以下何者指使用品牌稽核的內容，蒐集長期的量化資料，提供有關品牌及行銷方案表現如何的一致性、基礎性資訊。
　　　　　(1)品牌共鳴模式(brand resonance model)。
　　　　　(2)品牌追蹤研究(brand-tracking studies)。
　　　　　(3)品牌承諾(brand promise)。
　　　　　(4)品牌知識(brand knowledge)。

（　　）23.下面哪一種情況下，企業的銷售額「不會」成長？
　　　　　(1)產業規模在成長中，伴隨著產業的擴張，銷售額自然成長。
　　　　　(2)企業以行銷活動，增加市場占有率，達到銷售額成長。
　　　　　(3)提升顧客忠誠，使得銷售額穩定成長。
　　　　　(4)產業處於衰退期，且企業的市場占有率沒有增加。

（　　）24.不在主要市場區隔裡，與其他廠商正面競爭，而是針對特別區隔，成為特殊領域的專家，這是哪一種策略選項？
　　　　　(1)市場領導者。
　　　　　(2)市場挑戰者。
　　　　　(3)市場利基者。
　　　　　(4)市場追隨者。

（　　）25.經常性購買，且耗費最少心力購買的產品。這是指哪一種產品？

(1)便利品(convenience goods)。

(2)選購品(shopping goods)。

(3)特殊品(specialty goods)。

(4)冷門品(unsought goods)。

( ) 26.可更換刀片的刮鬍刀，通常要搭配特定的刀片，其他品牌的刀片無法使用。這些刮鬍刀片的訂價，屬於哪種產品組合訂價？

(1)專屬產品訂價。

(2)選購品訂價。

(3)兩階段訂價。

(4)副產品訂價。

( ) 27.服務包含範圍很多，但以下何者不屬於服務所包含的範圍？

(1)提供與實體商品搭配存在的服務。

(2)提供單獨存在的服務，且不與實體商品搭配。

(3)在網路線上提供的服務。

(4)單純的生產產品，且完全不涉及產品生產後的後續銷售與後續支援。

( ) 28.廣告宣傳與溝通，對於消費者期望的營造，下面陳述何者正確？

(1)宣傳服務，需要適度，不能過度宣傳，也不能完全不強調服務的水準。

(2)宣傳再誇大都沒關係。消費者的實質滿意度，不會受先前宣傳所影響。

(3)對於服務水準的描述愈高愈好。將來消費者會愈滿意。

(4)對於服務水準的描述，愈低愈好。消費者並不會因此而不來消費。

( ) 29.為什麼要開發新產品？

(1)現有產品不足以配合行銷策略時，必須開發新產品。

(2)讓研發部門有點事情做。

(3)避免行銷部門沒事做。

(4)每年一定要有新產品，才不會被市場淘汰。

( ) 30.新產品發展階段中，以各種價格促銷，進行推廣試銷售。這是指哪一種測試？

(1)alpha測試。

(2)beta測試。

(3)小規模試銷售。

(4)新產品推廣促銷。

( ) 31.在企業第一次制定價格時，下列何者非企業要考慮之因素?

(1)成本。

(2)定價目標。

(3)定價方法。

(4)定價風險。

( ) 32.請問「投標競價定價法」屬於以下哪一類型的定價方法？

(1)成本導向定價法。

(2)競爭導向定價法。

(3)顧客導向定價法。

(4)習慣定價法。

( ) 33.下列何者「並非」行銷通路的主要功能？

(1)去中間商。

(2)承擔通路工作的風險。通路工作有很多風險，例如供不應求(存
貨不足)、供過於求(存貨過多)、商品過期破損失竊、顧客不滿
意...等，藉由承擔風險，換取通路的利潤。

(3)將商品分類、配送至各地。

(4)搭配適當產品組合。

( ) 34.在通路策略中，需要依市場區隔或經銷區域大小，以進行區隔
時，通常會執行何種配銷策略？

(1)密集配銷。

(2)選擇配銷。

(3)獨家配銷。

(4)代理配銷。

( ) 35.在零售商的類別中，型錄行銷是屬於？

(1)非店面零售商。

(2)店面零售商。

(3)公司式零售商。

(4)大型零售商。

( ) 36.按規定的時間間隔，進行物流活動的模式屬於？

(1)定時物流。

(2)定量物流。

(3)定線物流。

(4)即時物流。

( ) 37.下列何者不屬於行銷溝通組合？

(1)廣告。

(2)產品配送。

(3)口碑營造。

(4)公關。

( ) 38.效果層級模式中，一般消費者對行銷溝通反應的階層順序為

(1)認知—情感—行為。

(2)認知—行為—情感。

(3)情感—認知—行為。

(4)情感—行為—認知。

( ) 39.「機構廣告」主要目的在於？

(1)推廣組織的形象、商譽或理念。

(2)強調產品或服務的利益。

(3)使消費者保持對品牌的熟悉感。

(4)刺激對新產品的初級需求。

( ) 40.公共關係部門重視媒體關係，主要是因為？

(1)管理者的人際關係考量。

(2)各企業都設有公關部門。

(3)影響新聞媒體對公司進行友善報導。

(4)直接銷售公司產品。

( ) 41.以批發商及零售商作為促銷的對象，是指？

(1)消費者促銷。

(2)產品促銷。

(3)人員促銷。

(4)通路商促銷。

( ) 42.兩個或多個品牌或公司聯合提供各項優惠稱為

(1)贈品。

(2)聯合促銷。

(3)常客方案。

(4)免費商品。

( ) 43.電視購物屬於何種推廣方式？

(1)多層次傳銷。

(2)直效行銷。

(3)人員銷售。

(4)促銷。

( ) 44.哪一種薪資制度，可要求銷售人員從事與銷售任務關係不大的工作。適用於非販售性業務、高技術性及團隊合作的職位。

(1)純佣金制，無底薪。

(2)極低底薪，由績效獎金組成薪資結構。

(3)銷售的論件計酬制。

(4)本薪制：提供銷售人員穩定薪水。

( ) 45.關於網路訊息溝通的陳述，何者正確？

(1)在網路上宣傳資訊，一定是要付費買廣告。

(2)網路是免費的。在網路上宣傳資訊，一定不用付費。

(3)沒有任何訊息管道是公司可以掌控擁有的，因此都需要編列廣告費。

(4)有些網路訊息管道，例如公司的粉絲頁，是公司所擁有的，在上面發布訊息，可接觸到顧客，但無須付費。

( ) 46.經由消費者在搜尋引擎上關鍵字連結呈現的網路廣告是什麼？

(1)展示型廣告。

(2)橫幅廣告。

(3)彈出式廣告。

(4)搜尋廣告。

( ) 47.關於行銷社會責任的陳述，何者正確？

(1)行銷人員必須遵守法規，只要遵守法規，就是善盡社會責任。

(2)行銷人員不能只遵守法律，還要做得更多，善盡企業應負擔的責任。

(3)所謂的社會責任，是指法律規範。企業必須符合法律規範。

(4)當法律出現漏洞時，行銷人員使用該漏洞，是符合法律，也符合社會責任的。

( ) 48.以下何者「不算」是綠色行銷？

(1)把環境永續發展的概念融入現有的行銷體系中。

(2)行銷活動中，強調環保、永續。

(3)產品材質使用可再生資源(renewable resources)，或回收再利用資源(recycled resource)。

(4)在行銷活動中使用森林與大自然的影片。

( ) 49.關於線上交易的七天鑑賞期，何者正確？

(1)七天鑑賞期內可以盡量使用，不滿意再行退貨。

(2)法律規定的七天鑑賞期，是指看到產品後，不滿意可以退貨，但除非廠商特別同意可以試用，否則是不可以試用。

(3)廠商若不願意使用七天鑑賞，也可以改成三天鑑賞期。

(4)法律規定，一般店家買賣也有七天鑑賞期。

( ) 50.關於有機認證的陳述，以下何者正確？

(1)有機農產品驗證證書有效期間為三年，到期可申請展延。

(2)申請核可後，除非違反法律，否則有機農產品驗證證書持續永久有效，不需再驗證。

(3)有機認證採取登記制，只要申請就能取得，但若違反法律會被吊銷認證。

(4)有機認證採取書面登記制，每年登記，就能繼續使用。被檢驗出含有農藥時，才會被取消資格。

自我評量一：解答

1	2	3	4	5	6	7	8	9	10
1	4	1	3	1	1	1	1	4	1
11	12	13	14	15	16	17	18	19	20
1	4	1	4	4	1	4	2	2	2
21	22	23	24	25	26	27	28	29	30
3	2	4	3	1	1	4	1	1	4
31	32	33	34	35	36	37	38	39	40
4	2	1	2	1	1	2	1	1	3
41	42	43	44	45	46	47	48	49	50
4	2	2	4	4	4	2	4	2	1

自我評量二

100題選擇題，每題1分，滿分100分，70分及格。作答時間60分鐘。題目採取每章抽選四題的方式組成，題目依章節排序。

( ) 1.期盼能達到「滿足需求、物盡其用、貨暢其流、創新永續」的境界，為企業創造利潤，為消費者帶來福祉，為環境創造永續。這是哪一項的企業功能？
　　　(1)行銷管理。
　　　(2)研發管理。
　　　(3)財務管理。
　　　(4)人力資源管理。

( ) 2.透過各種方式對民眾宣傳菸害及勸導戒菸，此時是在行銷什麼？
　　　(1)經驗(體驗)。
　　　(2)服務。
　　　(3)組織。
　　　(4)理念。

( ) 3.行銷活動中，傳達產品訊息給顧客的廣告及媒體業者，這是屬於哪一種通路？
　　　(1)溝通通路。
　　　(2)配銷通路。
　　　(3)服務通路。
　　　(4)物流通路。

( ) 4.以下對於商品或服務的「價值」的敘述，何者正確？
　　　(1)是一種消費者的主觀認定。
　　　(2)是一種消費者的客觀認定，沒有主觀成分。
　　　(3)是指產品的物料成本。
　　　(4)是指定價。除了定價，其他都不能算是價值，都跟價值無關。

( ) 5.以下何者是係指分析企業內部活動，分為主要活動與支援活動，以創造更多的顧客價值。
　　　(1)價值鏈。
　　　(2)供應鏈。
　　　(3)區塊鏈。
　　　(4)顧客鏈。

( ) 6.以下何者之目的，乃為確保公司能在瞬息萬變的環境中掌握最佳的機會。

(1)生產管理。

(2)策略規劃。

(3)短期規劃。

(4)市場活動。

( ) 7.BCG矩陣中，何者是具有高成長率與高占有率的事業單位，初期
經常需要大量現金來應付快速的成長，但當成長減緩後，則會變為
金牛產業。

(1)問題事業。

(2)夕陽事業。

(3)羚羊事業。

(4)明星事業。

( ) 8.產品市場擴張矩陣(product-market expansion grid)中，開發新產品
導入現有市場中。這是指哪一種策略？

(1)市場滲透。

(2)市場開發。

(3)新產品開發。

(4)多角化。

( ) 9.下面哪一個縮寫字，是在討論總體環境分析？

(1)PEST。

(2)AWS。

(3)SWOT。

(4)BCG。

( ) 10.對於金融創新，政府加強金融監理。這是屬於？

(1)持續性創新。

(2)緩慢性創新。

(3)創新的管制。

(4)消費者對創新產品的接受度。

( ) 11.以下何者為市場上可取得的公開資料。

(1)企業內資訊系統所提供的銷售、生產、庫存資訊。

(2)針對顧客或非顧客(潛在顧客)進行訪談，收集了解消費者想
法。

(3)市場調查公司、行銷研究公司、廣告公司所發表的報告。

(4)雇用秘密顧客，收集競爭者資訊。

( ) 12.全體消費人口已使用該類產品的比率(非指單一廠商產品)。這是
指？

(1)經濟成長率。

(2)GDP。

(3)市佔率。

(4)市場滲透率。

( ) 13.下列何者「不屬於」行銷研究的一部分？

(1)市場調查：了解市場規模、消費者偏好。

(2)產品偏好測試：特別產品推出前，進行測試。

(3)地區銷售預測：進入特定市場前，進行銷售預測。

(4)生產效率提升：生產線製程改善提升。

( ) 14.以不露痕跡的方式，觀察購物或消費產品的狀況。這是哪一種資料收集方法？

(1)問卷調查法。

(2)觀察法。

(3)民族誌法。

(4)焦點群體法。

( ) 15.問卷題項是多個選項，受訪者每個選項都可以勾選，是哪一種問卷資料收集方法？

(1)二分法。

(2)複選題法。

(3)語意差異量表。

(4)李克特尺度法。

( ) 16.問卷題目中，提供左右兩個相對應的形容詞，請受訪者在兩個形容詞選項中間，勾選較偏向哪一方的語意。這是哪一種問卷資料收集方法？

(1)二分法。

(2)選擇題法。

(3)語意差異量表。

(4)李克特尺度法。

( ) 17.請問什麼是價值主張(value proposition)？

(1)公司可提供給顧客所有利益的集合。各種有形與無形利益，都涵蓋在內。

(2)包括金錢成本、時間成本、心力成本、心理成本、各種附帶成本。

(3)消費者比較產品(或服務)的知覺實際績效與期望績效後，知覺到的愉快或失落。

(4)分析來自該顧客的所有成本，以及該顧客帶來的所有收入。

( ) 18.假冒一般消費者，從一般消費者的角度來了解自家產品或競爭者產品。這是指什麼？

(1)神秘客(mystery shopper)。

(2)價值主張(value proposition)。

(3)顧客關係管理(customer relationship management)。

(4)問卷調查法。

( ) 19.顧客流失率(customer loss rate)是指？

(1)繼續購買產品的顧客比率。

(2)不再購買產品的顧客比率。

(3)分析來自該顧客的所有成本，以及該顧客帶來的所有收入。

(4)該顧客能為公司帶來的全部價值。

( ) 20.下面哪一種做法，可以讓消費者在維持忠誠時所需付出的成本較低。轉換到其他產品時，所需付出的成本提高？

(1)藉由維持銷售人員與顧客間的情感來留住消費者。

(2)增加消費者轉換產品時需付出的轉換成本。

(3)投注心力於高獲利力顧客。

(4)吸引新消費者，給予新顧客才能享有的特別優惠。

( ) 21.各層級的需要，逐層滿足。這是指什麼？

(1)馬斯洛提出的需要層級論。

(2)赫茲伯格提出的雙因子理論。

(3)所謂的保健因子。

(4)所謂的激勵因子。

( ) 22.消費者只會保留想要的資訊。這是指什麼？

(1)選擇性注意。

(2)選擇性扭曲。

(3)選擇性保留。

(4)潛意識知覺(subliminal perception)。

( ) 23.以下關於記憶的陳述，何者錯誤？

(1)消費者短期記憶的駐留時間短暫，且有嚴格的儲存容量限制。

(2)消費者的長期記憶，只要能回想起來，就能永久保存，且無明顯的容量限制。

(3)消費者長期記憶內的連結愈多，愈容易被活化，記憶愈容易被取回。記憶取回時，回想到連結鏈或節點，以便取回記憶。

(4)消費者長期記憶的記憶連結強度，是不會衰弱的，也不會受到其他因素的干擾。

( ) 24.請問以下關於思慮可能模式(推敲可能模式elaboration likelihood model)的陳述，何者正確？

(1)消費者若具有足夠的動機與能力，會選擇中央途徑進行思慮，否則會選擇周邊途徑。

(2)周邊途徑是指針對資訊進行理性的思慮。

(3)中央途徑是指參考例如品牌、代言人、價格、包裝等線索，直接進行決策。

(4)是指產品是否在考慮集合內。

( ) 25.企業品市場與消費品市場，主要差異「不包括」以下哪項？

(1)企業品易受訂單影響。

(2)數量大的企業品，通常採取直接採購。

(3)企業品有專門採購部門，採購決策成員眾多。

(4)企業品的購買通常是一個人就能決定。消費品的購買是一家人決定為主。

( ) 26.組織採購時，代理問題會影響到採購決策。請問什麼是代理問題？

(1)組織的利益與採購人員的考量，不一定相同。採購人員可能基於私利，或基於自己的作業方便，進行決策。

(2)許多產品在購買時，需要透過白手套，才能購買。

(3)許多產品必須總經銷同意，才能購買。

(4)各地經銷體系，有代理區域範圍限制。

( ) 27.企業或政府採購過程中，有可能會徵求提案書。以下關於徵求提案書的陳述，何者錯誤？

(1)英文是Request for Proposal，縮寫RFP。

(2)是指把想採購的東西，邀請廠商進行提案報告，以便決定如何採購。

(3)對於細部項目還沒確定，因此徵求提案書，請廠商提出建議。

(4)不論金額多寡，只要是政府採購，都會徵求提案書。即使是固定規格的採購，也會有此一階段。

( ) 28.企業經常會選擇整體性解決方案(total solution)，理由為何？

(1)企業經常喜歡向同一廠商購買完整的解決方案，以減少問題。

(2)整體性解決方案一定比較便宜。

(3)市場上只能買到整體性的解決方案。

(4)除了整體性解決方案，沒有其他解決方案。

( ) 29.進入國際市場「無法」獲得哪些好處？

(1)提升銷售量的機會。

(2)尋找原物料、零組件、組裝的生產基地。

(3)反擊侵入者：以彼之道還之彼身。進入競爭者的市場。

(4)禁止其他競爭者進入本國市場。

( ) 30.進入國際市場時，採取「出口：將產品直接賣到國外」，有什麼優點。

(1)投資少、風險小。

(2)可以掌握當地市場。

(3)可以分得較多利潤。

(4)可以因地制宜。

( ) 31.下面哪一種進入國際市場的方式，風險最低，最容易撤出國外市場？

(1)出口。

(2)獨資。

(3)合資。

(4)收購當地品牌。

( ) 32.關於真品平行輸入，以下陳述何者「錯誤」？

(1)常常被稱為水貨。

(2)影響授權經銷商的權益。

(3)屬於違法。任何人沒有經過原廠授權，是不可以進口該產品的。

(4)商品可以自由進口，只要沒有仿冒盜版之類問題，基本上就是合法的。

( ) 33.以下關於市場區隔的描述，何者「不正確」？

(1)只有地理區域是市場區隔變數。所謂的區隔，就是指某一地理區域的全體民眾，如台灣市場。

(2)市場區隔是指將整個市場切割細分為數群。

(3)企業要透過區隔變數，決定瞄準、選擇進入其中一個或多個市場區隔。

(4)市場區隔是由一群有相似需要與欲求的顧客形成。

( ) 34.如果行銷經理決定根據消費者所居住的鄉鎮或社區，來細分市場，則該行銷經理將選擇什麼作為市場區隔的細分方法？

(1)人口統計。

(2)心理。

(3)地理。

(4)行為。

( ) 35.購買者態度與忠誠係屬於何種市場區隔變數？

(1)地理變數。

(2)人口統計變數。

(3)行為變數。

(4)經濟變數。

( ) 36.在一個市場區隔內，針對一組更狹窄定義的顧客群，提供獨特的利益組合。這是指哪一種市場區隔選擇？

(1)利基市場(niche market)。

(2)多重區隔專業化(multiple segments speialization)。

(3)無差異行銷(undifferentiated marketing)。

(4)產品專業化(product specialization)。

( ) 37.定位(positioning)係指成功的創造_____? 以說服目標顧客購買該產品的理由。

(1)需求鏈。

(2)以顧客為本的價值主張。

(3)以員工為本的價值主張。

(4)價值鏈。

( ) 38.品牌之間的相異點(points-of-difference, PODs)，指的是什麼？

(1)品牌獨特的聯想，品牌與其他品牌相異之處。

(2)各品牌間必備的「屬性或利益」。

(3)我們品牌與競爭品牌，共有的優點。

(4)是顧客對於此類別中所有競爭品牌的共同聯想。

( ) 39.提供量化性描述，關於消費者對品牌、產品、服務等在不同座標軸上的知覺與偏好，這是指什麼？

(1)品牌相似點

(2)品牌知覺圖（產品知覺圖）。

(3)品牌相異點。

(4)SWOT分析。

( ) 40.品牌定位時，強調跟其他品牌同樣防水，但卻透氣。這裡所說的「與其他品牌一樣防水」，是指什麼？

(1)相似點。

(2)相異點(優勢)。

(3)心理占有率。

(4)產品知覺定位。

( ) 41.以下關於品牌的陳述，何者正確？

(1)是一種標準化的過程，期盼在產品、服務間建立一致性，希望各廠商提供的產品具有同質性。

(2)進行市場研究，並向客戶銷售產品或服務的過程。

(3)目的是要與競爭者的產品、服務進行區別。

(4)是一種分析市場優劣勢，比較市場上競爭者的產品、服務的過程。

( ) 42.對消費者而言，品牌呈現多重功能，何者為非？

(1)品牌與消費者期望有關，消費者對於特定品牌會抱持特定期望。

(2)品牌會增加消費者的購買風險。

(3)品牌可簡化購買決策。

(4)品牌的購買,可發展成為消費者自我認定的一部分。

( ) 43.以下何者指使用品牌稽核的內容,蒐集長期的量化資料,提供有
關品牌及行銷方案表現如何的一致性、基礎性資訊。

(1)品牌共鳴模式(brand resonance model)。

(2)品牌追蹤研究(brand-tracking studies)。

(3)品牌承諾(brand promise)。

(4)品牌知識(brand knowledge)。

( ) 44.下列有關品牌結構的敘述何者有「誤」?

(1)Toyota Camry 的品牌名稱中,副品牌是Camry。

(2)利用現有品牌,推出新產品,係為品牌延伸(brand extension)。

(3)品牌組成(brand mix)是所有品牌線的集合。

(4)最能代表其整體品牌形象的產品,稱為授權產品(licensed product)。

( ) 45.下面哪一種情況下,企業的銷售額「不會」成長?

(1)提升顧客忠誠。

(2)進入國際市場。

(3)採取收購、合併、聯盟等方式,提升市占率。

(4)將已無利潤的弱勢產品淘汰。

( ) 46.市場領導者維持其主導地位所採取的作法,何者為非?

(1)推出新產品,建立市場地位。

(2)維持品質,保護現有市場占有率。

(3)採取完全競爭導向,允許競爭者加入市場來競爭。

(4)以行銷手法,嘗試增加市占率。

( ) 47.不在主要市場區隔裡 ,與其他廠商正面競爭,而是針對特別區
隔,成為特殊領域的專家,這是哪一種策略選項?

(1)市場領導者。

(2)市場挑戰者。

(3)市場利基者。

(4)市場追隨者。

( ) 48.通常會採取減少支出,減少投資,並採收利潤,是產品生命週期
的哪一階段?

(1)導入期(introduction)。

(2)推廣期(promotion)。

(3)快速成長期(rapid growth)。

(4)衰退期(decline)。

( ) 49.購買前會先多方比較後才會做決定的產品。這是指哪一種產品?

(1)便利品(convenience goods)。

(2)選購品(shopping goods)。

(3)特殊品(specialty goods)。

(4)冷門品(unsought goods)。

( ) 50.下列關於產品屬性的敘述何者是「錯誤」的?

(1)產品屬性可以是產品差異化的來源。

(2)產品屬性指的是產品的特徵。

(3)產品品質不屬於產品屬性。

(4)產品功能屬於產品屬性。

( ) 51.可更換刀片的刮鬍刀,通常要搭配特定的刀片,其他品牌的刀片無法使用。這些刮鬍刀片的訂價,屬於哪種產品組合訂價?

(1)專屬產品訂價。

(2)選購品訂價。

(3)兩階段訂價。

(4)副產品訂價。

( ) 52.電話費如果不是吃到飽的固定費率,而是每個月都有基本月費,但是超過基本通話費或超過基本數據流量的部分,要加收費用,請問這是哪種產品組合訂價法?

(1)專屬產品訂價。

(2)選購品訂價。

(3)兩階段訂價。

(4)副產品訂價。

( ) 53.以下何者不屬於服務所包含的範圍?

(1)純粹服務。例如飯店業。

(2)線上服務。例如線上影音服務。

(3)實體商品與服務同時提供,提供現場用餐的餐飲業。

(4)生產線生產產品,且不負責出廠後的後續工作。

( ) 54.服務異於產品的主要特性,不包括哪項?

(1)利他性(altruistic)。

(2)不可分割性(inseparability)。

(3)變化性(variability)。

(4)無形性(intangibility)。

( ) 55.請問什麼是:顧客賦權(customer empowerment)?

(1)顧客不再只是被動的接受服務,而是具有一些權力。顧客可以分享他們接受服務的經驗,透過散播正面口碑來獎勵公司,或是散播負面口碑來懲罰公司,或者藉由提供意見,來影響企業的服務設計。

(2)顧客享有決定產品價格、購買產品數量、購買時間、購買地點的權利。

(3)顧客享有消費者保護法所保障的權利。

(4)顧客享有購買後7天無條件退貨的權利。

( ) 56.每次都提供準時地、一致地、無失誤地相同品質服務。這是指服務品質的哪一種構面？

(1)可靠度(reliability)。

(2)反應性(responsiveness)。

(3)確實性(assurance)。

(4)同理心(empathy)。

( ) 57.為什麼要開發新產品？

(1)現有產品不足以配合行銷策略時，必須開發新產品。

(2)讓研發部門有點事情做。

(3)避免行銷部門沒事做。

(4)每年一定要有新產品，才不會被市場淘汰。

( ) 58.下面哪一種產品的創新程度最高？

(1)漸進性創新(incremental innovation)。

(2)非技術創新(non-technique innovation)。

(3)破壞式創新(disruptive innovation)。

(4)產品規格調整。

( ) 59.新產品發展階段中，以各種價格促銷，進行推廣試銷售。這是指哪一種測試？

(1)alpha測試。

(2)beta測試。

(3)小規模試銷售。

(4)新產品推廣促銷。

( ) 60.相對優勢(relative advantage)、相容性(compatibility)、複雜性(complexity)、可分割性(divisibility)、可溝通性(communicability)，這是指什麼？

(1)影響消費者採納新產品的因素。

(2)新產品開發的程序。

(3)消費者採納程序的階段。

(4)服務品質的影響因素。

( ) 61.以下關於價格與需求之間的關係，何者錯誤？

(1)在正常情況下，市場需求會按照與價格相反的方向變動。價格愈高，需求愈低。

(2)價格上升，需求減少；價格降低，需求增加，所以需求曲線是向下傾斜的。

(3)部份奢侈品來說，需求曲線有時呈正斜率。價格愈高，需求反而愈高

(4)需求無彈性時，價格變動對需求影響大，此時價格促銷會達到效果。

( ) 62.當價格變動時，需求量並不會有太大變動之產品特質為：
(1)需求無彈性。
(2)價格有彈性。
(3)需求有彈性。
(4)價格無彈性。

( ) 63.根據每增加或減少一單位的產品，所引起的總成本變化量，以此成本變化量作為定價參考。這是哪一種定價法？
(1)邊際成本定價法(變動成本定價法)。
(2)競爭導向定價法。
(3)顧客導向定價法。
(4)習慣定價法。

( ) 64.考慮不同需求狀況而有不一樣的價格。這是哪一種定價方法？
(1)成本導向定價法。
(2)競爭導向定價法。
(3)需求差異定價法。
(4)市場行情定價法。

( ) 65.下列何者「並非」行銷通路的主要功能？
(1)去中間商。
(2)承擔通路工作的風險。通路工作有很多風險，例如供不應求(存貨不足)、供過於求(存貨過多)、商品過期破損失竊、顧客不滿意...等，藉由承擔風險，換取通路的利潤。
(3)將商品分類、配送至各地。
(4)搭配適當產品組合。

( ) 66.請問下列何者「不是」密集性配銷所要達到的效果？
(1)讓消費者到處都買得到。
(2)達到最大便利性。
(3)盡可能所有通路都有賣高物價。
(4) 區分客人來源，販賣不同商品組合。

( ) 67.產品製造者透過零售商將產品送達消費者之通路階層為?
(1)零階通路。
(2)一階通路。

(3)二階通路。

(4)三階通路 。

(　) 68. 下列何者「不是」行銷通路的主要功能？

(1)儲存並維持各地存量。

(2) 承擔通路工作的風險。通路工作有很多風險，例如供不應求（存貨不足）、供過於求(存貨過多)、商品過期破損失竊、顧客不滿意...等，藉由承擔風險，換取通路的利潤。

(3)提高物價。

(4)搭配適當產品組合。

(　) 69.在零售商的類別中，型錄行銷是屬於？

(1)非店面零售商。

(2)店面零售商。

(3)公司式零售商。

(4)大型零售商。

(　) 70.以零售商的經營模式中，公司自己經營多個店面，集中採購與銷售，這種零售方式屬於哪一種？

(1)購物商場。

(2)百貨公司。

(3)消費者合作社 。

(4)公司連鎖。

(　) 71.在零售商特性中，規模較小、以便利性為主、營業時間長顧客追求購買效率與方便性，且少量購買，因此價格偏高的零售種類為？

(1)便利商店。

(2)百貨公司。

(3)超級市場。

(4)量販店。

(　) 72.以下關於零售車輪(wheel of retailing)理論的陳述，何者「錯誤」？

(1)新進入市場的創新型零售商常會減低毛利的方式，以低價吸引消費者，並逐漸取代其他競爭的零售商。

(2)新的零售商常以低成本的方式進入市場，但站穩腳步之後，卻又因為各種提升，而導致價格上升。

(3)成本領導是零售產業新進入者的競爭武器，而無法控制成本，是站穩腳步後卻又被其他新進入者蠶食市場的原因。

(4)通路品質才是重點，即使成本提高，也在所不惜，才不會被新進入者所取代。

(　) 73.下列何者不屬於行銷溝通組合？

(1)廣告。

(2)物流配送。

(3)口碑營造。

(4)公關。

( ) 74.短期刺激例如樣品或折價券，以鼓勵試用或購買產品，哪一種行
銷溝通？

(1)廣告。

(2)促銷。

(3)公益行銷。

(4)人員銷售。

( ) 75.下列各個陳述，哪一個是指公共關係的特性？

(1)可發送客製化的個人訊息。

(2)提供各種折讓，對消費者具吸引力。

(3)新聞報導的可信度高於廣告。

(4)能多次重覆訊息給消費者。

( ) 76.設定行銷溝通預算時，以達到與競爭者相同的曝光程度來設定預
算，是哪種方法？

(1)量入為出法。

(2)營業額百分比法。

(3)競爭平位法。

(4)目標任務法。

( ) 77.目的在創造消費者對產品或服務的喜愛、偏好與購買的是屬於哪
一種廣告？

(1)告知性廣告。

(2)說服性廣告。

(3)提醒性廣告。

(4)比較性廣告。

( ) 78.將公司品牌與他牌作比較是哪種形式廣告？

(1)形象廣告。

(2)強化性廣告。

(3)比較性廣告。

(4)提醒性廣告。

( ) 79.公共關係部門重視媒體關係，主要是因為？

(1)管理者的人際關係考量。

(2)各企業都設有公關部門。

(3)影響新聞媒體對公司進行友善報導。

(4)直接銷售公司產品。

（　）80.對一般企業推廣而言，下列陳述何者為真？
　　　　(1)廣告的優點是預算較低。
　　　　(2)對消費者來說，公共報導（新聞報導）較具可信度。
　　　　(3)價格促銷可以達到長期的銷售促進效果。
　　　　(4)辦單次活動的事件行銷，觸及範圍較廣，影響較深遠。

（　）81.下列何者「不是」製造商對通路商促銷的方法？
　　　　(1)按照標價打折，以優惠中間商或零售商，作為中間商或零售商
　　　　　的利潤。
　　　　(2)進貨到某一數量時，額外贈送商品。
　　　　(3)可以免費試用，或是延長保固期間，保固期間可以免費維修。
　　　　(4)零售商推廣製造商產品時，給予折讓或津貼。

（　）82.新產品推出時，採取價格促銷的主要原因？
　　　　(1)鼓勵消費者試用。
　　　　(2)降低競爭者的競爭衝擊。
　　　　(3)清除庫存。
　　　　(4)提升品牌的品質形象。

（　）83.分次購買，累積購買到達某金額，則贈送某些商品的促銷，稱
　　　　為？
　　　　(1)產品保證。
　　　　(2)獎品。
　　　　(3)積點方案。
　　　　(4)現金回饋。

（　）84.主要旨在鼓勵顧客增加購買頻率及密集度的促銷工具為？
　　　　(1)贈品。
　　　　(2)現金回饋。
　　　　(3)積點方案。
　　　　(4)優惠價包裝。

（　）85.街頭訪問銷售(街頭兜售)屬於何種推廣方式？
　　　　(1)多層次傳銷。
　　　　(2)直效行銷。
　　　　(3)人員銷售。
　　　　(4)促銷。

（　）86.關於有效的人員銷售的陳述，何者正確？
　　　　(1)銷售對象是亂槍打鳥，隨意拜訪。
　　　　(2)不必在乎顧客是誰，只要勤奮拜訪就對了。
　　　　(3)拜訪銷售的成功與否，完全是運氣，無法事先決定。

(4)銷售人員必須徹底瞭解潛在顧客採購程序中的4W1H「誰、何時、何地、如何、為何」，以設定拜訪目標，才容易成功。

(　) 87.給付給銷售人員的交通費或交際費，屬於什麼項目？
(1)固定薪資。
(2)變動薪資。
(3)費用津貼。
(4)福利。

(　) 88.大部分的情況下，最能激勵銷售人員的措施為？
(1)銷售獎金。
(2)名義上的升遷。
(3)賣出產品的成就感。
(4)賣出產品的安全感。

(　) 89.關於網路訊息溝通的陳述，何者正確？
(1)消費者沒有付廣告費，因此消費者的意見傳播範圍很窄，沒有太大的影響力。
(2)消費者的口碑，會在網路上流傳，成為網路的重要資訊。
(3)消費者的口碑，屬於廠商付費媒體。
(4)關於產品的新聞報導，一定是廠商付費的。絕對不可能發生媒體主動報導的情況。

(　) 90.不盲目地對所有的人做投放，而是只針對搜尋產品資訊的消費者，來加強他們的購買慾望。這是哪一種活動可以做到的？
(1)社交媒體廣告。
(2)關鍵字廣告。
(3)再行銷(retargeting或remarketing)。
(4)橫幅廣告。

(　) 91.「搜尋引擎最佳化」指的是優化企業網站的什麼？
(1)提升搜尋排名，並讓消費者輸入搜尋詞彙後，更容易查到企業網站。
(2)讓企業網站更簡單易懂。
(3)網頁設計吸引消費者造訪意願。
(4)讓上網訪客的實際成功交易率提高。

(　) 92.病毒式廣告的製作原則，下列何者不正確？
(1)不刻意強調品牌，因為消費者並不願意主動幫忙宣傳產品。
(2)盡量製造驚嚇效果。
(3)要設法讓使用者主動幫忙散播資訊。
(4)如果使用影片時，要想讓消費者主動傳播影片，必須重視影片的情緒感染力。

（　）93.關於行銷社會責任的陳述，何者正確？
　　　　(1)行銷人員必須遵守法規，只要遵守法規，就是善盡社會責任。
　　　　(2)行銷人員不能只遵守法律，還要做得更多，善盡企業應負擔的責任。
　　　　(3)所謂的社會責任，是指法律規範。企業必須符合法律規範。
　　　　(4)當法律出現漏洞時，行銷人員使用該漏洞，是符合法律，也符合社會責任的。

（　）94.企業對公益與慈善活動及其目標的贊助，稱做什麼？
　　　　(1)整合行銷。
　　　　(2)善因行銷（公益行銷）。
　　　　(3)內部行銷。
　　　　(4)全方位行銷。

（　）95.以下關於公益行銷(善因行銷)的陳述，何者錯誤？
　　　　(1)公益行銷不能讓消費者反感，覺得企業在利用弱勢族群為自己行銷。
　　　　(2)可以喚起品牌情感。
　　　　(3)可以強化品牌印象。
　　　　(4)主要目的是降低行銷成本。

（　）96.以下何者「不算」是綠色行銷？
　　　　(1)把環境永續發展的概念融入現有的行銷體系中。
　　　　(2)使用綠色的色系，進行行銷活動。
　　　　(3)行銷活動中，鼓勵節約資源。
　　　　(4)產品材質使用可再生資源(renewable resources)，或回收再利用資源(recycled resource)。

（　）97.關於鑑賞期滿不滿意，解除契約的做法，何者正確？
　　　　(1)企業經營者應於收到消費者通知要退貨之次日起十五日內，至原交付處所或約定處所取回商品。
　　　　(2)消費者應於收到通知之次日起十五日內，將商品送至企業經營者之處。
　　　　(3)消費者應於七日內，將商品送至廠商處或約定處。
　　　　(4)消費者必須親自將商品送回，不可以委託他人。

（　）98.有關於健康食品的陳述，何者正確？
　　　　(1)對身體有利的產品，都可以宣稱是健康食品。
　　　　(2)健康食品為法律定義的名詞，需要符合規範，才能稱為健康食品。
　　　　(3)只要不宣稱保健功效，自由稱呼產品為健康食品，是沒有關係的。
　　　　(4)健康食品是常用名詞，屬於一般民間溝通，廠商可自由使用。

（　）99.關於有機轉型期的陳述，以下何者正確？
   (1)農作物開始依有機規範栽培管理，需要等待一段時間，讓土壤環境慢慢轉變成符合有機標準。
   (2)廠商沒使用農藥，就可宣稱為有機轉型期。
   (3)已經可以使用有機產品標章。
   (4)耕作規範比較寬鬆，只要沒過量使用農藥即可。

（　）100.如果有一個下游廠商，銷售競爭對手產品時，這時應該如何處理才符合法律規範？
   (1)不可以用低價利誘或其他不正當方法，阻礙競爭者參與競爭。
   (2)立刻給予斷貨處理。基於競爭自由，法律對此並無規範。
   (3)立刻提高批發價格，讓該通路蒙受損失。基於競爭自由，法律對此並無規範。
   (4)立刻降價，並要求通路不可銷售競爭對手產品，讓競爭對手無從競爭。基於競爭自由，法律對此並無規範。

自我評量二：解答

1	2	3	4	5	6	7	8	9	10
1	4	1	1	1	2	4	3	1	3
11	12	13	14	15	16	17	18	19	20
3	4	4	2	2	3	1	1	2	2
21	22	23	24	25	26	27	28	29	30
1	3	4	1	4	1	4	1	4	1
31	32	33	34	35	36	37	38	39	40
1	3	1	3	3	1	2	1	2	1
41	42	43	44	45	46	47	48	49	50
3	2	2	4	4	3	3	4	2	3
51	52	53	54	55	56	57	58	59	60
1	3	4	1	1	1	1	3	4	1
61	62	63	64	65	66	67	68	69	70
4	1	1	3	1	4	2	3	1	4
71	72	73	74	75	76	77	78	79	80
1	4	2	2	3	3	2	3	3	2
81	82	83	84	85	86	87	88	89	90
3	1	3	3	3	4	3	1	2	3
91	92	93	94	95	96	97	98	99	100
1	2	2	2	4	2	1	2	1	1

自我評量三

( ) 1.創造、溝通與傳遞有價值的提供物給顧客，使其滿足並建立顧客關係，以使組織及其利害關係人受益的一種組織性的功能與程序。這是指什麼？
  (1)行銷管理。
  (2)研發管理。
  (3)財務管理。
  (4)人力資源管理。

( ) 2.下列何者並不在行銷管理的4P裡面？
  (1)產品(product)。
  (2)定價(price)。
  (3)推廣(promotion)。
  (4)預測(prediction)。

( ) 3.企業利用報章、雜誌、電視，作為與顧客溝通媒介，是屬於哪一種媒體？
  (1)自有媒體(own media)。
  (2)付費媒體(paid media)。
  (3)賺得媒體(earned media)。
  (4)配銷媒體(distribution media)。

( ) 4.消費者以其預期與實際知覺的品質衡量來定義滿意與否，這是依據何種觀點？
  (1)思慮可能模式。
  (2)期望落差模式。
  (3)歸因理論。
  (4)雙因子理論。

( ) 5.以下何者是係指分析企業內部活動，分為主要活動與支援活動，以創造更多的顧客價值。
  (1)價值鏈。
  (2)供應鏈。
  (3)區塊鏈。
  (4)顧客鏈。

( ) 6.企業核心競爭力的敘述，何者不正確？

(1)是企業競爭優勢的來源。

(2)能應用到多種類市場。

(3)競爭對手難以模仿。

(4)是指競爭對手可以在市場購買到的物料供應來源。

( ) 7.BCG矩陣係以＿＿＿與＿＿＿來進行投資決策分類？

(1)市場吸引力、競爭優勢。

(2)相對市占率、市場年成長率。

(3)市場吸引力、市場年成長率。

(4)相對市占率、競爭優勢。

( ) 8..產品市場擴張矩陣(product-market expansion grid)中，開發新產品導入現有市場中。這是指哪一種策略？

(1)市場滲透。

(2)市場開發。

(3)新產品開發。

(4)多角化。

( ) 9.環境分析的PEST縮寫字，指的是什麼？

(1)political, economics, sociocultural, technological factors。

(2)people, environment, science, technology。

(3)people, energy, speed, technology。

(4)political, energy, science, technology。

( ) 10.以下哪一個項目，屬於法律環境？

(1)人口結構老年、新生兒減少。

(2)確保公平競爭的公平交易法。

(3)儲蓄比率影響耐久品、消費品的支出比率。

(4)選舉後的政黨輪替。

( ) 11.以下何者為網路上蒐集的市場情報。

(1)企業內資訊系統所提供的銷售、生產、庫存資訊。

(2)針對顧客或非顧客(潛在顧客)進行訪談，收集了解消費者想法。

(3)市場調查公司、行銷研究公司、廣告公司所發表的報告。

(4)公開論壇、社群、討論區、顧客抱怨網站。

( ) 12.全體消費人口已使用該類產品的比率(非指單一廠商產品)。這是指？

(1)經濟成長率。

(2)GDP。

(3)市佔率。

(4)市場滲透率。

（　　）13.以下關於行銷研究的陳述，何者「錯誤」？
　　　　　(1)行銷研究是需要耗費經費的。
　　　　　(2)並非所有行銷問題，都需要進行研究，才能收集資料。如果可
　　　　　　以利用行銷知識直接推論，不一定要進行研究。
　　　　　(3)取得充足的資訊，有利於正確的行銷決策。
　　　　　(4)必須進行消費者問卷調查，才算是行銷研究。其他的方法，不
　　　　　　算是行銷研究。

（　　）14.招募若干人(例如6-10人)，召開會議討論該議題。這是哪一種資料
　　　　　收集方法？
　　　　　(1)問卷調查法。
　　　　　(2)觀察法。
　　　　　(3)民族誌法。
　　　　　(4)焦點群體法。

（　　）15.問卷題目中，提供左右兩個相對應的形容詞，請受訪者在兩個形
　　　　　容詞選項中間，勾選較偏向哪一方的語意。這是哪一種問卷資料收
　　　　　集方法？
　　　　　(1)二分法。
　　　　　(2)選擇題法。
　　　　　(3)語意差異量表。
　　　　　(4)李克特尺度法。

（　　）16.由受訪者自行發揮。這是哪一種的問卷資料收集方法？
　　　　　(1)完全無結構的開放式問題。
　　　　　(2)語意差異量表。
　　　　　(3)語句填空法。
　　　　　(4)故事完成法。

（　　）17.下面關於提升滿意度的方法，何者正確？
　　　　　(1)通常不需要成本，就可以提升產品實際績效。
　　　　　(2)提高消費者購買前的期望績效，可以提升滿意度。
　　　　　(3)提升顧客滿意是企業經營的終極目標，因此無須考慮成本。
　　　　　(4)提升實際績效可以增加滿意度。但常需要增加成本。

（　　）18.下面關於滿意度的陳述，何者錯誤？
　　　　　(1)並非每一位顧客都能為企業帶來利潤。
　　　　　(2)要找出最能為企業帶來利益的顧客，而非找到最多的顧客。
　　　　　(3)應該要讓所有消費者都感到滿意。不計任何代價。
　　　　　(4)討論顧客滿意度時，需要關心成本課題。

（　　）19.關於顧客流失的陳述，何者「錯誤」？
　　　　　(1)顧客不可能完全不流失。

(2)顧客搬家、不再需要該類產品,就會流失。

(3)需要進行顧客流失原因分析,找出公司可以改善的地方。

(4)要不惜一切代價降低顧客流失。

( ) 20.下面哪一種做法,可以讓消費者在維持忠誠時所需付出的成本較低。轉換到其他產品時,所需付出的成本提高?

(1)藉由維持銷售人員與顧客間的情感來留住消費者。

(2)增加消費者轉換產品時需付出的轉換成本。

(3)投注心力於高獲利力顧客。

(4)吸引新消費者,給予新顧客才能享有的特別優惠。

( ) 21.餐廳沒有食品衛生,會不滿意。但有食品衛生,並不會就對餐廳感到滿意,而是要考慮其他因素,才會感到滿意。因此,食品衛生是哪一種因素?

(1)所謂的需要層級因子。

(2)所謂的心理需求因子。

(3)赫茲伯格提出的雙因子理論中,所謂的保健因子。

(4)赫茲伯格提出的雙因子理論中,所謂的激勵因子。

( ) 22.認為消費者並未意識到訊息的存在,但卻可能受到該訊息所影響。這是指什麼?

(1)選擇性注意。

(2)選擇性扭曲。

(3)選擇性保留。

(4)潛意識知覺(subliminal perception,或翻譯為閾下知覺)。

( ) 23.以下關於記憶的陳述,何者錯誤?

(1)消費者短期記憶的駐留時間短暫,且有嚴格的儲存容量限制。

(2)消費者的長期記憶,只要能回想起來,就能永久保存,且無明顯的容量限制。

(3)消費者長期記憶內的連結愈多,愈容易被活化,記憶愈容易被取回。記憶取回時,回想到連結鏈或節點,以便取回記憶。

(4)消費者長期記憶的記憶連結強度,是不會衰弱的,也不會受到其他因素的干擾。

( ) 24.請問以下關於思慮可能模式(推敲可能模式elaboration likelihood model)的陳述,何者正確?

(1)消費者若具有足夠的動機與能力,會選擇中央途徑進行思慮,否則會選擇周邊途徑。

(2)周邊途徑是指針對資訊進行理性的思慮。

(3)中央途徑是指參考例如品牌、代言人、價格、包裝等線索,直接進行決策。

(4)是指產品是否在考慮集合內。

( ) 25.企業品的哪一種購買，採購單位必須逐一決定以下項目：產品規格、價格上限、交貨條件、售後服務條件、付款條件、訂購數量、供應商等事項。
　　(1)重要採購，金額不低，且為企業初次購買。
　　(2)直接再次購買。
　　(3)修正後再次購買。
　　(4)反覆購買。

( ) 26.組織購買時，是否存在關鍵性的購買影響者？
　　(1)有的，某些人的影響力較大。
　　(2)沒有，購買決策是集體決策，沒有誰的影響力較大的問題。
　　(3)沒有，是全部人投票決定的。
　　(4)有的，使用產品的人，就一定是關鍵影響者。

( ) 27.企業或政府採購過程中，有可能會徵求提案書。以下關於徵求提案書的陳述，何者錯誤？
　　(1)英文是Request for Proposal，縮寫RFP。
　　(2)是指把想採購的東西，邀請廠商進行提案報告，以便決定如何採購。
　　(3)對於細部項目還沒確定，因此徵求提案書，請廠商提出建議。
　　(4)不論金額多寡，只要是政府採購，都會徵求提案書。即使是固定規格的採購，也會有此一階段。

( ) 28.關於企業品(尤其是原物料供應、設備供應)的採購，以下陳述何者正確？
　　(1)經常採取長期供應，減少再次採購的程序。
　　(2)經常是每次重新採購，重啟採購的程序。
　　(3)採購過程是不會進行議價的。
　　(4)採購一定不會簽訂合約。

( ) 29.進入國際市場的時候，經常會選擇心理接近性(psychic proximity)較高的國家，請問這是什麼樣的國家？
　　(1)語言、法律、文化接近的國家。
　　(2)競爭比較不激烈的國家。
　　(3)產品價格比較接近的國家。
　　(4)產品價格比較低，但沒有低太多的國家。

( ) 30.授權：授與外國公司使用製程、商標、專利、商業機密，換取權利金。這種進入國際市場的方式，有什麼缺點？
　　(1)需要大量的人才。
　　(2)公司自行掌握當地市場的能力低、商業機密有可能外洩。

(3)投資金額可能太多。

(4)無法因地制宜。

(　)31.為了搶佔市場，以低於成本或低於市場價格的方式，進入外國市
場。這種做法若經貿易調查屬實，可能會如何？

(1)只會引起當地消費者反彈，並沒有太大影響。

(2)廠商會被課徵「高額」反傾銷稅。而且可能影響整個國家同一
產品都被課以反傾銷稅。

(3)影響經銷商的投資效益。但不一定非法。

(4)當地消費者以低價買到商品，因此政府並不會反對。

(　)32.從A國出口的產品，是否可以標示為B國製造？

(1)絕對不可以。只要是A國港口出口的東西，無論原本是在哪裡
加工、生產，都必須標示為A國製造。

(2)可以。只要有一小部分原料來自B國，就可以標示為B國製造。

(3)視情況為定。若有相關的原產地證明，可以標示為B國製造。

(4)出口地點就是製造地點，絕無例外。A國出口就是必須標示A
國製造。

(　)33.針對所選的目標市場，建立與傳達企業所能提供獨特利益的過
程。這可稱為什麼？

(1)市場定位。

(2)市場調查。

(3)市場傾銷。

(4)行銷效果。

(　)34.如果行銷經理將消費者劃分為重視文化、重視體育或重視戶外活
動這三個族群，則該經理係根據什麼變數來進行市場區隔劃分？

(1)人口統計。

(2)心理或生活型態。

(3)地理。

(4)性別。

(　)35.購買與使用時機係屬於何種市場區隔變數？

(1)地理變數。

(2)人口統計變數。

(3)行為變數。

(4)經濟變數。

(　)36.在一個市場區隔內，針對一組更狹窄定義的顧客群，提供獨特的
利益組合。這是指哪一種市場區隔選擇？

(1)利基市場(niche market)。

(2)多重區隔專業化(multiple segments speialization)。

(3)無差異行銷(undifferentiated marketing)。

(4)產品專業化(product specialization)。

( ) 37.某品牌強調「您的健康，我們照顧」，這句話是下列何種概念的
案例？
　　(1)以顧客為本的價值主張。
　　(2)以競爭對手為本的價值主張。
　　(3)品牌與競爭品牌的相似點。
　　(4)品牌與競爭品牌的知覺定位。

( ) 38.相似點(points-of-parity, POPs，也有翻譯為類同點)，指的是什
麼？
　　(1)品牌獨特的聯想，品牌與其他品牌相異之處。
　　(2)品牌與其他品牌相異之處。
　　(3)只是狹隘的專注於研發與生產那些自認為優質的產品，而忽略
　　　消費者需求。
　　(4)各品牌間必備的「屬性或利益」，是顧客對於此類別中所有競
　　　爭品牌的共同聯想。

( ) 39.品牌知覺圖(產品知覺圖)是指什麼？
　　(1)提供量化性描述，關於消費者對品牌、產品、服務等在不同座
　　　標軸上的知覺與偏好。
　　(2)一組「屬性或利益」的品牌獨特聯想，且只此一家，無法從其
　　　它競爭者獲得。
　　(3)通常是幾個字或幾句話，簡單地寫出品牌競爭框架、差異點、
　　　相似點、以及與品牌有關的所有其他內容）封裝在一起。
　　(4)在一個市場區隔內，針對一組更狹窄定義的顧客群，提供獨特
　　　的利益組合。

( ) 40.品牌定位時，強調跟其他品牌同樣防水，但卻更透氣。「卻更透
氣」是指什麼樣的品牌溝通？
　　(1)相似點。
　　(2)相異點(優勢)。
　　(3)心理占有率。
　　(4)產品知覺定位。

( ) 41.以下關於品牌的陳述，何者正確？
　　(1)是一種標準化的過程，期盼在產品、服務間建立一致性，希望
　　　各廠商提供的產品具有同質性。
　　(2)進行市場研究，並向客戶銷售產品或服務的過程。
　　(3)目的是要與競爭者的產品、服務進行區別。
　　(4)是一種分析市場優劣勢，比較市場上競爭者的產品、服務的過
　　　程。

(　　) 42.對企業而言，品牌呈現多重功能，何者為非。
　　　　(1)讓行銷管理變得非常複雜。
　　　　(2)提供公司產品的獨特性，或法律保護。
　　　　(3)提升品牌忠誠度。
　　　　(4)是取得競爭優勢的有力手段。

(　　) 43.以下何者指使用品牌稽核的內容，蒐集長期的量化資料，提供有
　　　　關品牌及行銷方案表現如何的一致性、基礎性資訊。
　　　　(1)品牌共鳴模式(brand resonance model)。
　　　　(2)品牌追蹤研究(brand-tracking studies)。
　　　　(3)品牌承諾(brand promise)。
　　　　(4)品牌知識(brand knowledge)。

(　　) 44.旗艦產品(flagship product)或旗艦品牌(flagship brand)的敘述，何
　　　　者為非？
　　　　(1)通常是最能代表其整體品牌形象的產品。
　　　　(2)常常也是第一個獲得名聲的品牌的產品。
　　　　(3)通常叫好不叫座，不受大眾青睞的產品。
　　　　(4)常在品牌組合內扮演關鍵角色。

(　　) 45.下面哪一種方式，可以擴大整體市場需求。
　　　　(1)鼓勵消費者增加產品使用次數或使用量。
　　　　(2)減少或避免競爭者的攻擊。
　　　　(3)攻擊競爭者。
　　　　(4)防衛競爭者的攻擊。

(　　) 46.關於企業在追求擴大市場占有率時，納入考慮的因素，何者正
　　　　確？
　　　　(1)市占率過高時，會引起公平交易委員會注意，因為反獨佔、反
　　　　　壟斷、反托拉斯的考量，而進行干涉的可能性。
　　　　(2)不管是領導者或追隨者，只要產業繼續成長，各企業的市場占
　　　　　有率就會提升。
　　　　(3)產業若處於衰退期，企業的市場占有率就不可能增加。
　　　　(4)將已無利潤的弱勢產品淘汰，可以提升市場占有率。

(　　) 47.不在主要市場區隔裡，與其他廠商正面競爭，而是針對特別區
　　　　隔，成為特殊領域的專家，這是哪一種策略選項？
　　　　(1)市場領導者。
　　　　(2)市場挑戰者。
　　　　(3)市場利基者。
　　　　(4)市場追隨者。

( ) 48.通常會採取減少支出，減少投資，並採收利潤，是產品生命週期的哪一階段？
  (1)導入期(introduction)。
  (2)推廣期(promotion)。
  (3)快速成長期(rapid growth)。
  (4)衰退期(decline)。

( ) 49.具有獨特特性的產品，消費者會心甘情願花費心思及努力來取得。這是指哪一種產品？
  (1)便利品(convenience goods)。
  (2)選購品(shopping goods)。
  (3)特殊品(specialty goods)。
  (4)冷門品(unsought goods)。

( ) 50.某公司擁有牙膏、香皂、紙類產品、衣物洗劑四種產品線，請問這四種產品線代表著某公司產品組合的什麼？
  (1)長度。
  (2)寬度。
  (3)深度。
  (4)一致性。

( ) 51.可更換刀片的刮鬍刀，通常要搭配特定的刀片，其他品牌的刀片無法使用。這些刮鬍刀片的訂價，屬於哪種產品組合訂價？
  (1)專屬產品訂價。
  (2)選購品訂價。
  (3)兩階段訂價。
  (4)副產品訂價。

( ) 52.當企業將魚肉切分完畢到市場上進行販售，將剩下的魚頭以及魚骨製造成湯底進行販售。湯底的收入可以讓企業把魚肉的價格訂得更低，請問這是哪種產品組合訂價法？
  (1)專屬產品訂價。
  (2)選購品訂價。
  (3)兩階段訂價。
  (4)副產品訂價。

( ) 53..服務異於產品的主要特性，不包括哪項？
  (1)利他性(altruistic)。
  (2)不可分割性(inseparability)。
  (3)變化性(variability)。
  (4)無形性(intangibility)。

( ) 54.購買之前，無法看到結果。這是指服務的哪一種特性？

(1)利他性(altruistic)。

(2)不可分割性(inseparability)。

(3)變化性(variability)。

(4)無形性(intangibility)。

( ) 55.請問員工的工作滿意度與服務品質的關係？

(1)基本上無關。服務品質取決於消費者的認知。員工滿意取決於工作環境。

(2)基本上是負相關的。薪水愈高，工作滿意度愈高，但因為薪資成本提升，因此服務滿意度降低。

(3)基本上是無關的。一個屬於人力資源部門的工作，一個屬於行銷部門的工作。

(4)基本上是正相關的。員工是服務的提供者，服務的好壞與員工態度息息相關。員工態度好時，服務品質高。

( ) 56.快速提供服務，減少顧客等待。這是指服務品質的哪一種構面？

(1)可靠度(reliability)。

(2)反應性(responsiveness)。

(3)確實性(assurance)。

(4)同理心(empathy)。

( ) 57.為什麼要開發新產品？

(1)現有產品不足以配合行銷策略時，必須開發新產品。

(2)讓研發部門有點事情做。

(3)避免行銷部門沒事做。

(4)每年一定要有新產品，才不會被市場淘汰。

( ) 58.現有產品的改進或改版。指的是哪一種創新？

(1)漸進性創新(incremental innovation)。

(2)非技術創新(non-technique innovation)。

(3)破壞式創新(disruptive innovation)。

(4)行銷創新(marketing innovation)。

( ) 59.新產品發展階段中，以各種價格促銷，進行推廣試銷售。這是指哪一種測試？

(1)alpha測試。

(2)beta測試。

(3)小規模試銷售。

(4)新產品推廣促銷。

( ) 60.相對優勢(relative advantage)、相容性(compatiability)、複雜性(complexity)、可分割性(divisibility)、可溝通性(communicability)，這是指什麼？

(1)影響消費者採納新產品的因素。

(2)新產品開發的程序。

(3)消費者採納程序的階段。

(4)服務品質的影響因素。

( ) 61.當未來市場對產品的需求量預計增加，但供給沒有增加時，以下何者為合適的反應？

(1)削價競爭，以避免產品賣不出去。

(2)可以考慮漲價。

(3)維持現有產量、現有價格，必要時降價。

(4)建議降價，減產。

( ) 62.當價格變動時，需求量並不會有太大變動之產品特質為：

(1)需求無彈性。

(2)價格有彈性。

(3)需求有彈性。

(4)價格無彈性。

( ) 63.產品價格保持在市場平均價格水準，利用這樣的價格來獲得平均報酬。這是哪一種定價法？

(1)成本導向定價法。

(2)市場行情定價法。

(3)顧客導向定價法。

(4)習慣定價法。

( ) 64.請問「損益平衡定價法」屬於以下哪一類型的定價方法？

(1)成本導向定價法。

(2)競爭導向定價法。

(3)顧客導向定價法。

(4)習慣定價法。

( ) 65.下列何者「不是」行銷通路的主要功能？

(1)儲存並維持各地存量。

(2)承擔通路工作的風險。通路工作有很多風險，例如供不應求(存貨不足)、供過於求(存貨過多)、商品過期破損失竊、顧客不滿意...等，藉由承擔風險，換取通路的利潤。

(3)提高物價。

(4)搭配適當產品組合。

( ) 66.哪一種中間商，將商品銷售給下游通路，而非銷售給消費者？

(1)批發商。

(2)零售商。

(3)代理商。

(4)自營商。

( ) 67.在消費品市場，製造商經過批發商和零售商，將產品送達消費者之通路階層為？
(1)零階通路。
(2)一階通路。
(3)二階通路。
(4)三階通路。

( ) 68.請問在一定市場範圍內，其產品限由一家中間商經銷，此種配銷策略為？
(1)密集配銷。
(2)選擇配銷。
(3)獨家配銷。
(4)多重式通路行銷。

( ) 69.以零售商的經營模式中，公司自己經營多個店面，集中採購與銷售，這種零售方式屬於哪一種？
(1)購物商場。
(2)百貨公司。
(3)消費者合作社。
(4)公司連鎖。

( ) 70.在零售商特性中，營業面積比超市大、銷售以品牌產品為主、產品線多元、產品較精緻、價格也較貴、以及良好的品質與形象取勝，被許多民眾視為休閒場所。這是指哪一種通路？
(1)便利商店。
(2)百貨公司。
(3)超級市場。
(4)量販店。

( ) 71.以下關於零售車輪(wheel of retailing)理論的陳述，何者「錯誤」？
(1)新進入市場的創新型零售商常會減低毛利的方式，以低價吸引消費者，並逐漸取代其他競爭的零售商。
(2)新的零售商常以低成本的方式進入市場，但站穩腳步之後，卻又因為各種提升，而導致價格上升。
(3)成本領導是零售產業新進入者的競爭武器，而無法控制成本，是站穩腳步後卻又被其他新進入者蠶食市場的原因。
(4)通路品質才是重點，即使成本提高，也在所不惜，才不會被新進入者所取代。

( ) 72.下列何者「並非」批發商的功能？

(1)商品集散。
(2)供需調節。
(3)物流運輸。
(4)開發新產品。

( ) 73.下列何者不屬於行銷溝通組合？
(1)廣告。
(2)物流配送。
(3)口碑營造。
(4)公關。

( ) 74.公司贊助活動或節目,以提高與消費者日常的互動,是為哪一種
行銷溝通？
(1)廣告。
(2)促銷。
(3)事件行銷。
(4)人員銷售。

( ) 75.將所要表達的意思以文字或符號形式來呈現,是哪個溝通要素？
(1)編碼。
(2)解碼。
(3)回饋。
(4)訊息。

( ) 76.設定行銷溝通預算時,先定義行銷目標與任務,然後估算執行成
本,是哪種方法？
(1)量入為出法。
(2)營業額百分比法。
(3)競爭平位法。
(4)目標任務法。

( ) 77.目的在創造消費者對產品或服務的喜愛、偏好與購買的是屬於哪
一種廣告？
(1)告知性廣告。
(2)說服性廣告。
(3)提醒性廣告。
(4)比較性廣告。

( ) 78.下列何者不是影響廣告預算的主要因素？
(1)產品生命週期。
(2)產品製造技術。
(3)市場占有率。
(4)市場競爭態勢。

（　）79.公共關係部門重視媒體關係，主要是因為？
　　　　(1)管理者的人際關係考量。
　　　　(2)各企業都設有公關部門。
　　　　(3)影響新聞媒體對公司進行友善報導。
　　　　(4)直接銷售公司產品。

（　）80.對一般企業推廣而言，下列陳述何者為真？
　　　　(1)廣告的優點是預算較低。
　　　　(2)對消費者來說，公共報導（新聞報導）較具可信度。
　　　　(3)價格促銷可以達到長期的銷售促進效果。
　　　　(4)辦單次活動的事件行銷，觸及範圍較廣，影響較深遠。

（　）81.下列何者行銷工具最能促進企業的短期獲利能力？
　　　　(1)廣告。
　　　　(2)促銷。
　　　　(3)公關。
　　　　(4)善因行銷(公益行銷)。

（　）82.下列何者「不是」企業贊助運動賽事的主要原因？
　　　　(1)藉由贊助優良的活動強化企業形象。
　　　　(2)活動轉播可增加品牌的曝光度。
　　　　(3)強化品牌與活動性質、屬性的連結與聯想。
　　　　(4)運動賽事是進行直接的人員銷售的最佳場合。

（　）83.最容易以短期銷售金額衡量成效的是何者行銷工具？
　　　　(1)公關活動。
　　　　(2)促銷。
　　　　(3)媒體廣告。
　　　　(4)善因行銷(公益行銷)。

（　）84.主要旨在鼓勵顧客增加購買頻率及密集度的促銷工具為？
　　　　(1)贈品。
　　　　(2)現金回饋。
　　　　(3)積點方案。
　　　　(4)優惠價包裝。

（　）85.通過電子郵件傳送商品訊息，屬於何種推廣方式？
　　　　(1)多層次傳銷。
　　　　(2)直效行銷。
　　　　(3)人員銷售。
　　　　(4)促銷。

（　）86.顧客的心理抗拒會造成銷售人員障礙，下列何者屬於心理的抗
　　　拒，而非理性的抗拒？

(1)對價格不滿意。
(2)對產品品質不滿意。
(3)對合約後續服務條款不滿意。
(4)對以前供貨來源或品牌有心理上的偏好。

( ) 87.銷售人員的生病醫療補助、意外補助、退休金等等，屬於銷售人員薪資結構中的什麼項目？
(1)固定薪資。
(2)變動薪資。
(3)費用津貼。
(4)福利。

( ) 88.建立資料庫，收集顧客資料、交易資料、供應商資料、中間商資料、下游廠商資料庫，以達成與顧客接觸、交易及建立關係的目的。這是指什麼？
(1)資料庫行銷。
(2)行銷再造。
(3)行銷溝通。
(4)企業資源規劃。

( ) 89.以下何者為數位行銷AISAS模式？
(1)知曉→興趣→搜尋→行動→分享
(2)知曉→興趣→搜尋→試用→抱怨。
(3)知曉→興趣→搜尋→試用→分享
(4)知曉→興趣→熱情→行動→分享

( ) 90.剛瀏覽過電子商務網站、剛選購物車的消費者，目前最有可能即將進入哪一個階段？
(1)知曉階段。
(2)興趣階段。
(3)行動階段。
(4)分享階段。

( ) 91.下面哪一種廣告，被點擊率最高？
(1)展示型廣告。
(2)橫幅廣告。
(3)付費搜尋廣告。
(4)彈出式廣告。

( ) 92.病毒式廣告的製作原則，下列何者不正確？
(1)不刻意強調品牌，因為消費者並不願意主動幫忙宣傳產品。
(2)盡量製造驚嚇效果。
(3)要設法讓使用者主動幫忙散播資訊。

(4)如果使用影片時，要想讓消費者主動傳播影片，必須重視影片的情緒感染力。

（　）93.關於行銷社會責任的陳述，何者正確？
(1)行銷人員必須遵守法規，只要遵守法規，就是善盡社會責任。
(2)行銷人員不能只遵守法律，還要做得更多，善盡企業應負擔的責任。
(3)所謂的社會責任，是指法律規範。企業必須符合法律規範。
(4)當法律出現漏洞時，行銷人員使用該漏洞，是符合法律，也符合社會責任的。

（　）94.將公司主辦或贊助的公益活動，連結到行銷活動上，稱做什麼？
(1)善因行銷（公益行銷）。
(2)事件行銷。
(3)活動行銷。
(4)社會行銷。

（　）95.政府或非營利組織，運用行銷手段推廣公益觀念。請問這常被稱做什麼？
(1)整合行銷。
(2)社會行銷。
(3)內部行銷。
(4)全方位行銷。

（　）96.以下何者「不符合」綠色行銷的做法？
(1)鼓勵減少資源的使用，減少包裝的資源使用。
(2)鼓勵重複使用物品，減少一次性的產品。
(3)針對無法再次利用的產品，鼓勵進行資源回收，減少廢棄物。
(4)強調產品隨拆隨用，一次使用後直接拋棄，無需回收，方便易用。

（　）97.關於廣告的陳述，何者正確？
(1)廣告僅供參考，實質商品以實品為主。
(2)廣告是一種美化後的宣稱，與產品無關。
(3)廠商一定要將廣告做得很棒，但實際的產品是另一件事。
(4)廣告是一種對於消費者的承諾，企業經營者應確保廣告內容之真實，其對消費者所負之義務不得低於廣告之內容。

（　）98.有關於健康食品的陳述，何者正確？
(1)一律不可以聲稱保健功效。
(2)要有科學根據，就能聲稱保健功效，但無需登記。
(3)若要宣稱保健功效，必須有科學證據，而且申請查驗登記。
(4)若不宣稱療效，只宣稱保健功效，就可以不必申請查驗登記。

（　）99.關於進口有機產品的規範，以下陳述何者正確？
　　　(1)無法查驗國外農產品，因此完全由廠商自行宣稱，廠商也無需提供證明。
　　　(2)通過有機認證機構認證，符合規範的進口有機產品，也可以標示為有機。
　　　(3)國外農產品一律不可以宣稱為有機產品。
　　　(4)通過農藥檢驗，就可以宣稱為有機農產品。

（　）100.關於廠商合併的陳述，何者正確？
　　　(1)無論規模大小，都需要跟公平交易委員會申報。
　　　(2)企業合併後超過一定市場規模者，需進行申報，並取得許可。
　　　(3)廠商合併屬於自由市場行為，無論規模，都不需要申報。
　　　(4)上市公司的合併，需跟證管會與金管會證期局申報，其他非上市公司，不需要申報。

自我評量三：解答

1	2	3	4	5	6	7	8	9	10
1	4	2	2	1	4	2	3	1	2
11	12	13	14	15	16	17	18	19	20
4	4	4	4	3	1	4	3	4	2
21	22	23	24	25	26	27	28	29	30
3	4	4	1	1	1	4	1	1	2
31	32	33	34	35	36	37	38	39	40
2	3	1	2	3	1	1	4	1	2
41	42	43	44	45	46	47	48	49	50
3	1	2	3	1	1	3	4	3	2
51	52	53	54	55	56	57	58	59	60
1	4	1	4	4	2	1	1	4	1
61	62	63	64	65	66	67	68	69	70
2	1	2	1	3	1	3	3	4	2
71	72	73	74	75	76	77	78	79	80
4	4	2	3	1	4	2	2	3	2
81	82	83	84	85	86	87	88	89	90
2	4	2	3	2	4	4	1	1	3
91	92	93	94	95	96	97	98	99	100
3	2	2	1	2	4	4	3	2	2

國家圖書館出版品預行編目資料

行銷管理：綱要與評量 / 汪志堅・陳才・吳碧珠・
張淑楨・周峰莎・張惠眞・楊燕枝 著. -- 初版. --
新北市：全華圖書, 2022.01
　　面　；　公分
　ISBN 978-626-328-046-5(平裝)
1.CST: 行銷管理
496　　　　　　　　　　　　110022281

行銷管理：綱要與評量

作者 / 汪志堅・陳才・吳碧珠・張淑楨・周峰莎・張惠眞・楊燕枝

發行人 / 陳本源

執行編輯 / 楊軒竺

封面設計 / 楊昭琅

出版者 / 全華圖書股份有限公司

郵政帳號 / 0100836-1 號

印刷者 / 宏懋打字印刷股份有限公司

圖書編號 / 10524

初版一刷 / 2022 年 01 月

定價 / 新台幣 350 元

ISBN / 978-626-328-046-5

全華圖書 / www.chwa.com.tw

全華網路書店 Open Tech / www.opentech.com.tw

若您對書籍內容、排版印刷有任何問題，歡迎來信指導 book@chwa.com.tw

臺北總公司(北區營業處)
地址：23671 新北市土城區忠義路 21 號
電話：(02) 2262-5666
傳真：(02) 6637-3695、6637-3696

南區營業處
地址：80769 高雄市三民區應安街 12 號
電話：(07) 381-1377
傳真：(07) 862-5562

中區營業處
地址：40256 臺中市南區樹義一巷 26 號
電話：(04) 2261-8485
傳真：(04) 3600-9806(高中職)
　　　(04) 3601-8600(大專)

讀者回函卡

✂（請由此線剪下）

掃 QRcode 線上填寫 ▶▶

姓名：　　　　　　　　生日：西元　　　年　　　月　　　日　性別：□男 □女

電話：（　　　）　　　　　　　　手機：

e-mail：（必填）

註：數字零，請用 Φ 表示，數字 1 與英文 L 請另註明並書寫端正，謝謝。

通訊處：□□□□□

學歷：□高中・職 □專科 □大學 □碩士 □博士

職業：□工程師 □教師 □學生 □軍・公 □其他

學校/公司：　　　　　　　　　　科系/部門：

· 需求書類：

□ A. 電子 □ B. 電機 □ C. 資訊 □ D. 機械 □ E. 汽車 □ F. 工管 □ G. 土木 □ H. 化工 □ I. 設計
□ J. 商管 □ K. 日文 □ L. 美容 □ M. 休閒 □ N. 餐飲 □ O. 其他

· 本次購買圖書為：　　　　　　　　　　　　　　　書號：

· 您對本書的評價：

封面設計：□非常滿意 □滿意 □尚可 □需改善，請說明
內容表達：□非常滿意 □滿意 □尚可 □需改善，請說明
版面編排：□非常滿意 □滿意 □尚可 □需改善，請說明
印刷品質：□非常滿意 □滿意 □尚可 □需改善，請說明
書籍定價：□非常滿意 □滿意 □尚可 □需改善，請說明
整體評價：請說明

· 您在何處購買本書？

□書局 □網路書店 □書展 □團購 □其他

· 您購買本書的原因？（可複選）

□個人需要 □公司採購 □親友推薦 □老師指定用書 □其他

· 您希望全華以何種方式提供出版訊息及特惠活動？

□電子報 □DM □廣告 （媒體名稱　　　　　　　）

· 您是否上過全華網路書店？（www.opentech.com.tw）

□是 □否 您的建議

· 您希望全華出版哪方面書籍？

· 您希望全華加強哪些服務？

感謝您提供寶貴意見，全華將秉持服務的熱忱，出版更多好書，以饗讀者。

填寫日期：　　　/　　　/

2020.09 修訂

親愛的讀者：

感謝您對全華圖書的支持與愛護，雖然我們很慎重的處理每一本書，但恐仍有疏漏之處，若您發現本書有任何錯誤，請填寫於勘誤表內寄回，我們將於再版時修正，您的批評與指教是我們進步的原動力，謝謝！

全華圖書 敬上

勘誤表

書號		書名		作者
頁數	行數	錯誤或不當之詞句		建議修改之詞句

我有話要說：（其它之批評與建議，如封面、編排、內容、印刷品質等・・・）